产业专利导航丛书

抗肿瘤产业
专利导航

主 编◎张 瑾 张 超

知识产权出版社
全国百佳图书出版单位
——北京——

图书在版编目（CIP）数据

抗肿瘤产业专利导航 / 张瑾，张超主编 . —北京：知识产权出版社，2024.8.
ISBN 978-7-5130-9455-9

Ⅰ. G306.72；R979.1

中国国家版本馆 CIP 数据核字第 2024JJ7908 号

内容提要

本书通过对抗肿瘤产业结构及布局导向、企业研发及布局导向、技术创新及布局导向、协同创新热点方向、专利运用热点方向等内容的分析，揭示产业结构调整及发展方向；以天津市抗肿瘤产业为视角，充分调研天津市抗肿瘤产业现状和产业特点、知识产权发展现状和需求，明晰天津市抗肿瘤产业定位；从产业结构优化、招商引智、人才培养及引进、研发方向指引、专利布局及专利运营等方面规划天津市抗肿瘤产业创新发展路径，提供决策建议，同时为中国其他区域抗肿瘤产业发展提供参考和借鉴。

本书可供抗肿瘤产业政策制定者、生物医药和医疗器械领域科研人员、医护人员、企业管理人员、技术研发人员、知识产权管理人员、知识产权服务机构咨询分析人员等参考。

责任编辑：彭喜英　　　　　　　　责任印制：孙婷婷
封面设计：杨杨工作室·张冀

抗肿瘤产业专利导航
KANGZHONGLIU CHANYE ZHUANLI DAOHANG
张　瑾　张　超　主编

出版发行：知识产权出版社 有限责任公司	网　　址：http：//www.ipph.cn		
电　　话：010-82004826	http：//www.laichushu.com		
社　　址：北京市海淀区气象路 50 号院	邮　　编：100081		
责编电话：010-82000860 转 8539	责编邮箱：laichushu@cnipr.com		
发行电话：010-82000860 转 8101	发行传真：010-82000893		
印　　刷：北京中献拓方科技发展有限公司	经　　销：新华书店、各大网上书店及相关专业书店		
开　　本：720mm×1000mm　1/16	印　　张：13.5		
版　　次：2024 年 8 月第 1 版	印　　次：2024 年 8 月第 1 次印刷		
字　　数：242 千字	定　　价：80.00 元		

ISBN 978-7-5130-9455-9

—— 本书编委会 ——

主　编：张　瑾　张　超

副主编：李会阳　吴兴源　郭雪梅

编　委：吴海啸　李　书　林以勒　张依然

　　　　郑德攀　潘辉龙　蒋　露　马毓昭

　　　　曹志霞　王宏洋　刘　纯

序　言

2013 年，国家知识产权局发布《关于实施专利导航试点工程的通知》，正式提出专利导航是以专利信息资源利用和专利分析为基础，把专利运用嵌入产业技术创新、产品创新、组织创新和商业模式创新，引导和支撑产业实现自主可控、科学发展的探索性工作。随后国家专利导航试点工程面向企业、产业、区域全面铺开，专利导航的理念延伸到知识产权分析评议、区域布局等工作中，并取得明显成效。2021 年 6 月，用于指导、规范专利导航工作的《专利导航指南》（GB/T 39551—2020）系列推荐性国家标准正式实施，该标准对于规范和引导专利导航服务、培育和拓展专利导航深度应用场景、推动和加强专利导航成果落地实施具有重要意义。2021 年 7 月，国家知识产权局发布《关于加强专利导航工作的通知》，要求各省级知识产权管理部门将专利导航服务基地建设作为加强地方专利导航工作的重要抓手，做好布局规划，构建特色化、规范化、实效化的专利导航服务工作体系，使专利导航产业创新发展重要作用得到有效发挥。

抗肿瘤产业作为医疗领域的关键分支，不仅是全球公共卫生体系的支柱，也是推动医疗技术创新和健康产业升级的重要力量。鉴于恶性肿瘤疾病的高发态势及其对社会经济造成的重大负担，抗肿瘤产业的发展对于提升疾病诊疗水平、增强国民健康福祉具有不可估量的价值。近年来，我国已将抗肿瘤药物及器械的研发列为重点支持领域，通过一系列政策激励措施，加速推动抗肿瘤产业的科技进步与产业升级。然而，尽管抗肿瘤产业展现出强劲的增长潜力和市场需求，该行业仍面临一系列挑战，如研发成本高昂、临床试验周期长、药物可及性以及国内外市场竞争加剧等。特别地，我国抗肿瘤市场虽已初具规模，但仍存在企业规模普遍较小、研发创新能力参差不齐、高端产品依赖进口等问题，亟须通过资源整合、创新驱动，提升国产抗肿瘤产业的核心竞争力。

为应对上述挑战并把握发展机遇，相关部门已着手采取多项举措。例如，鼓励跨学科合作，促进基础研究向临床转化；优化审评审批流程，加快新药上市速度；同时，加大对国产抗肿瘤创新药物以及抗肿瘤器械研发的扶持力度，引导资本向有潜力的创新项目集中，以期打造具有国际竞争力的抗肿瘤产业集群。国家也在探索构建抗肿瘤产业的公共服务平台，旨在整合资源、优化布局、减少重复建设，提升行业整体效率和服务能力。通过在重点区域设立抗肿瘤创新中心或产业园区，吸引国内外顶尖企业和研究机构入驻，形成协同创新效应，加速科技成果向实际应用转化，最终实现抗肿瘤产业的高质量发展，为全球抗癌事业贡献中国智慧和力量。

　　本书遵照《专利导航指南》，实施抗肿瘤产业专利导航，通过对抗肿瘤产业结构及布局导向、企业研发及布局导向、技术创新及布局导向、协同创新热点方向、专利运用热点方向等内容的分析，揭示产业结构调整及发展方向；以天津市抗肿瘤产业为视角，充分调研天津抗肿瘤产业现状、产业特点，知识产权发展现状和需求，明晰天津抗肿瘤产业定位；从产业结构优化、招商引智、人才培养及引进、研发方向指引、专利布局及专利运营等方面规划天津市抗肿瘤产业创新发展路径，提供决策建议，同时为我国其他区域抗肿瘤产业发展提供参考和借鉴。

目 录
CONTENTS

第1章 研究概况

1.1 研究背景

全球人口老龄化趋势的不断加快也在一定程度上导致癌症发病率持续升高，在这种背景下，医疗技术的提高改善了肿瘤的治疗方式，对癌症患者来说有效提高了治愈率。从当前全球医疗市场来看，抗肿瘤药物及器械逐渐成为主要的组成部分，通过抗肿瘤产业专利导航工作，可以大力提升天津市抗肿瘤产业相关专利申请、保护和运用的积极性，大幅度促进专利申请量，加强高质量专利池建设，将知识产权纳入从科研立项到成果转化的全流程管理，强化质量导向，加强源头管理，推动高质量知识产权产出；提升知识产权综合运营能力，通过实施许可、交易、金融、产业化等多种方式积极盘活存量知识产权资源，推动天津市的抗肿瘤产业知识产权资源转化为现实生产力。

本书的研究主要针对抗肿瘤产业，包括抗肿瘤药物以及抗肿瘤器械两大领域。

1.1.1 抗肿瘤药物

肿瘤化学药物治疗开始于20世纪40年代，经过几十年的发展，目前全球临床应用的抗肿瘤药物有100多种，根据药物研发阶段一般分为七类，即细胞毒类药物、小分子靶向药、抗体类药物、免疫检查点抑制剂、激素类药物、抗体偶联药物、肿瘤辅助药物。各类药物具体如下。

1.1.1.1 细胞毒类药物

细胞毒类抗肿瘤药物主要是通过作用于DNA复制、影响核酸生物合成、作用于核酸转录、作用于DNA复制（拓扑异构酶）、干扰微管蛋白合成、抑制蛋白质合成发挥抗肿瘤治疗作用。

1.1.1.2 小分子靶向药

靶向药分为主要作用于肿瘤细胞的表面或者内部与靶点结合干扰相关蛋白酶活性，目前常用靶向药物包括抗 EGFR、ALK、MET 等抑制剂，以及多靶点的多激酶抑制剂。

1.1.1.3 抗体类药物

抗体类药物分为单抗类和双抗类，单克隆抗体是针对某一特定抗原表位的抗体，同样具有靶向作用，经典药物包括抗 CD20 的利妥昔单抗、抗 HER2 的曲妥珠单抗等，这些已经成为临床中的常用药物；双特异性抗体（Bispecific Antibodies，BsAbs）指能够同时特异性结合两个抗原或抗原表位的人工抗体，根据其能够同时结合两种不同靶点的性质实现阻断两个抗原/表位介导的生物功能，或将表达两种抗原的细胞拉近，从而增强两者相互作用。从作用机制来看，双抗主要包括细胞桥接、受体交联、辅助因子模拟、背负式运输等类型。其中效应 T 细胞重定向机制的双抗在研项目最多，需通过多种抗体工程改造优化其安全性等特性。

1.1.1.4 免疫检查点抑制剂

免疫检查点抑制剂研究在肿瘤免疫治疗中最深入和广泛，在继靶向治疗后，第二次变革了肿瘤治疗格局。除了常见单抗类免疫检查点抑制剂中的 PD-1、PD-L1、CTLA-4 抑制外，双抗类免疫检查点抑制剂药物的研究也在进行中。

1.1.1.5 激素类药物

激素类抗肿瘤药物主要通过调整体内激素水平抑制肿瘤生长。

1.1.1.6 抗体偶联药物

抗体偶联药物（Antibody-Drug Conjugate，ADC）是目前药物研究的另一个热点。ADC 是通过连接体将细胞毒性药物偶联至单克隆抗体上，利用抗原特异性结合的特点，可将细胞毒性药物特异性传送至肿瘤内而发挥杀伤作用。

目前已经有多款 ADC 上市。此外，针对 Trop2、CD79 等靶点的药物也在临床试验中。

1.1.1.7　肿瘤辅助药物

肿瘤辅助药物也是抗肿瘤治疗的重要组成部分，有助于降低抗肿瘤治疗的不良事件，缓解患者症状。

1.1.2　抗肿瘤医疗器械

针对抗肿瘤治疗中设备也非常关键这一点，本书除了针对抗肿瘤药物进行专利导航的研究，也单独针对抗肿瘤设备进行单独研究，主要从肿瘤治疗器械、肿瘤诊断器械、肿瘤监测器械三方面进行研究，尤其是重点针对肿瘤治疗器械进行研究。

1.1.2.1　肿瘤治疗器械

肿瘤治疗器械包括肿瘤手术器械、放射治疗器械、化疗器械、靶向治疗器械及免疫治疗器械，各类器械具体如下。

肿瘤手术器械包括手术刀、手术钳、手术剪等。这些器械用于肿瘤手术切除或手术辅助，帮助医生去除肿瘤组织。放射治疗器械包括线性加速器、放射性种子等。通过放射性治疗，可以杀死或控制肿瘤细胞的生长。化疗器械包括化疗药物输液架、化疗药物注射器等。这些器械用于给患者输送化疗药物，通过化学药物的作用来杀死肿瘤细胞。靶向治疗器械包括靶向治疗药物输液泵、靶向治疗药物注射器等。这些器械用于给患者输送靶向治疗药物，通过作用于肿瘤细胞表面的特定靶点，精确杀死肿瘤细胞。免疫治疗器械包括免疫调节药物输液泵、细胞免疫治疗仪器等。这些器械用于激活患者免疫系统，增强患者对肿瘤的免疫力。

1.1.2.2　肿瘤诊断器械

肿瘤诊断器械主要包括影像诊断器械、实验室诊断器械、组织病理学诊断器械、液体活检诊断器械及分子影像诊断器械，各类器械具体介绍如下。

影像诊断器械包括 CT 机、MR 机、乳腺 X 射线机等。这些器械通过成像技术，帮助医生观察和判断肿瘤的位置、大小、形态等特征。实验室诊断器械包括肿瘤标志物检测仪器、基因测序仪器等。这些器械通过检测血液或组织中的肿瘤标志物或基因变异，辅助诊断和监测肿瘤的生长和进展。组织病理学诊断器械包括病理组织切片机、数字病理扫描仪等。这些器械通过对肿瘤组织进行切片和染色，帮助医生观察和分析肿瘤组织的病理学特征。液体活检诊断器械包括液体活检离心机、液体活检检测芯片等。这些器械通过检测体液中的循环肿瘤细胞或肿瘤 DNA 片段，辅助诊断和观察肿瘤的生长和转移。分子影像诊断器械包括 PET-CT 机、SPECT-CT 机等。这些器械通过利用放射性核素对肿瘤进行成像，帮助医生观察和分析肿瘤的生物学功能和代谢。

1.1.2.3　肿瘤监测器械

肿瘤监测器械主要包括电生理监测器械、生理监测器械及病情监测器械，各类器械具体如下。

电生理监测器械包括脑电图仪、心电图仪等。这些器械用于监测肿瘤周围组织或器官的电生理活动，辅助手术过程中对周边组织的保护。生理监测器械包括呼吸机、血氧饱和度监测仪等。这些器械用于监测患者生理指标的变化，确保患者在治疗过程中的生命体征稳定。病情监测器械包括肿瘤监测仪、血液分析仪等。这些器械用于监测患者血液中的肿瘤指标或其他疾病指标的变化，辅助医生判断治疗效果和病情进展。

天津市在抗肿瘤药物研发方面具有独特的优势和悠久的历史，同时在抗肿瘤药物学科建设和科研工作方面拥有一支强大的教师队伍和研发团队，而且在肿瘤器械的研究方面也积累了较多的经验。因此本书的研究选择抗肿瘤药物和抗肿瘤医疗器械为专利导航主题，围绕关键技术和关键药物，聚焦竞争对手，为今后的研发提供支撑。

1.2　研究对象及检索范围

1.2.1　产业技术分级

抗肿瘤产业技术分级见表 1-1。

表 1-1 抗肿瘤产业技术分级

技术主题	技术一级	技术二级	技术三级
抗肿瘤药物	细胞毒类药物	作用于 DNA 结构	烷化剂和氮芥类
			铂类
			丝裂霉素
		影响核酸生物合成	二氢叶酸还原酶抑制剂
			胸腺核苷合成酶抑制剂
			嘌呤核苷酸合成酶抑制剂
			核苷酸还原酶抑制剂
			DNA 多聚酶抑制剂
		作用于核酸转录	抗生素类
			RNA 聚合酶
		作用于 DNA 复制	拓扑异构酶 I 抑制剂
			拓扑异构酶 II 抑制剂
		干扰微管蛋白合成	
		抑制蛋白质合成	
	小分子靶向药	EGFR 抑制剂	
		ALK 抑制剂	
		TKI 抑制剂	
		MET 抑制剂	
		RET 抑制剂	
		NTRK 抑制剂	
		BRAF 抑制剂	
		MEK 抑制剂	
		HER2 抑制剂	
		CDK4/6 抑制剂 /CDK4 & 6 抑制剂	
		PARP 抑制剂	
		抗血管多激酶抑制剂	
		mTOR 抑制剂	
		HDAC 抑制剂	
		BCR-ABL 抑制剂	
		BTK 抑制剂	
		JAK 抑制剂	
		PI3K 抑制剂	

续表

技术主题	技术一级	技术二级	技术三级
抗肿瘤 药物	小分子靶向药	FGFR2 抑制剂	
		IDH1 抑制剂	
	抗体类药物	单抗类	
		双抗类	
	抗体偶联药物		
	激素类药物	抗雌激素	
		芳香化酶抑制剂 OR 芳香酶抑制剂	
		孕激素	
		促黄体生成素释放激素	
		抗雄激素	
		性激素	
		肾上腺皮质激素 / 糖皮质激素 / Glucocorticoids	
	免疫检查点 抑制剂	单抗类	
		双抗类	
	辅助药物	升血药 / 抗骨髓抑制药物	
		止呕药 / 止吐药	
		镇痛药	
		保骨药 / 抑制破骨细胞药	
	其他	生物反应调节剂	
		细胞分化诱导剂	
		肿瘤疫苗	

技术主题	技术一级	技术二级	技术三级
抗肿瘤医疗器械	肿瘤治疗器械	肿瘤手术器械	
		放射治疗器械	
		化疗器械	
	肿瘤诊断器械	靶向治疗器械	
		免疫治疗器械	
		影像诊断器械	
		实验室诊断器械	
		组织病理学诊断器械	
		液体活检诊断器械	
		分子影像诊断器械	
	肿瘤监测器械	电生理监测器械	
		生理监测器械	
		病情监测器械	

1.2.2　专利检索及结果

1.2.2.1　数据库名称和简介

（1）智慧芽全球专利数据库（PatSnap）。PatSnap 是一款全球专利检索数据库，整合了从 1790 年至今全球 116 个国家和地区超过 1.4 亿条专利数据、1.37 亿条文献数据、97 个国家和地区的公司财务数据；提供公开、实质审查、授权、撤回、驳回、期限届满、未缴年费等法律状态数据，还包括专利许可、诉讼、质押、海关备案等法律事件数据；支持中文、英文、日文、法文、德文等多种检索语言；提供智能检索、高级检索、命令检索、批量检索、分类号检索、语义检索、扩展检索、法律检索、图像检索、文献检索等检索方式，其中图像检索覆盖多个国家和地区的外观设计数据。

（2）合享新创 IncoPat 专利数据库。IncoPat 是一个大型的中外专利文献数据库，收录了全球 102 个国家（组织、地区）的 9800 余万件专利数据。IncoPat 是集成了专利检索、分析、数据下载、文件管理和用户管理等多项功能的检索系统。该数据库支持中英文语义检索，提供了简单检索、表格检索、指令检索、批量检索、引证检索、法律检索等检索方式。此外，IncoPat 还支持机器翻译系统，可以对照浏览全球专利，并配备了功能强大的辅助查询工具，帮助用户实现 IPC、专利权人、同义词、国别代码、号码等字段的扩展检索。用户可以对检索结果进行导出、收藏、统计筛选和在线分析，还可以对检索策略进行保存和监测。

1.2.2.2 检索范围

本书的研究围绕肿瘤产业，检索范围为全球，涵盖了多个国家和地区以及组织的专利数据，包含美国、日本、韩国、德国、法国、中国，以及欧洲专利局（EPO）和世界知识产权组织（WIPO）等。

1.2.2.3 数据检索数量

数据检索数量见表 1-2。所有数据截止检索日期为 2023 年 9 月 25 日。

表 1-2 检索数量 单位：件

技术主题	技术一级	一级申请量	技术二级	二级申请量	技术三级	三级申请量
抗肿瘤药物	细胞毒类药物	135 124	作用于 DNA 复制	79 222	烷化剂和氮芥类	47 529
					铂类	60 232
					丝裂霉素	16 406
			影响核酸生物合成	47 867	二氢叶酸还原酶抑制剂	8 799
					胸腺核苷合成酶抑制剂	30 178
					嘌呤核苷酸合成酶抑制剂	10 332
					核苷酸还原酶抑制剂	11 117
					DNA 多聚酶抑制剂	33 362
			作用于核酸转录	71 204		
			作用于 DNA 复制	39 871	拓扑异构酶 I 抑制剂	29 860
					拓扑异构酶 II 抑制剂	24 991
			干扰微管蛋白合成	53 743		
			抑制蛋白质合成	14 270		

技术主题	技术一级	一级申请量	技术二级	二级申请量	技术三级	三级申请量
抗肿瘤药物	小分子靶向药	116 142	EGFR 抑制剂	27 927		
			ALK 抑制剂	3 989		
			TKI 抑制剂	26 397		
			MET 抑制剂	4 592		
			RET 抑制剂	13 218		
			NTRK 抑制剂	404		
			BRAF 抑制剂	25 036		
			MEK 抑制剂	8 185		
			HER2 抑制剂	14 645		
			CDK4/6 抑制剂 / CDK4 & 6 抑制剂	10 217		
			PARP 抑制剂	8 543		
			抗血管多激酶抑制剂	1 853		
			mTOR 抑制剂	19 363		
			HDAC 抑制剂	16 798		
			BCR-ABL 抑制剂	25 279		
			BTK 抑制剂	7 455		
			JAK 抑制剂	3 506		
			PI3K 抑制剂	12 831		
			FGFR2 抑制剂	1 133		
			IDH1 抑制剂	1 246		
	抗体类	69 423	单抗类	41 691		
			双抗类	4 735		
	抗体偶联药物	4 654				
	激素类	66 105	抗雌激素	20 995		
			芳香化酶抑制剂 OR 芳香酶抑制剂	14 493		
			孕激素	12 037		
			促黄体生成素释放激素	9 041		
			抗雄激素	13 525		

续表

技术主题	技术一级	一级申请量	技术二级	二级申请量	技术三级	三级申请量
抗肿瘤药物	激素类	66 105	性激素	30 886		
			肾上腺皮质激素/糖皮质激素/Glucocorticoids	23 157		
	免疫检查点抑制剂	8 992				
	辅助药物	7 647	升血药/抗骨髓抑制药物	194		
			止呕药/止吐药	1 981		
			镇痛药	5 608		
			保骨药/抑制破骨细胞药	707		
	其他	5 532	生物反应调节剂	4 413		
			细胞分化诱导剂	163		
			肿瘤疫苗	991		
抗肿瘤医疗器械	肿瘤治疗器械	22 367	肿瘤手术器械	4 859		
			放射治疗器械	9 368		
			化疗器械	2 265		
			靶向治疗器械	1 301		
			免疫治疗器械	504		
			其他	4 308		
	肿瘤诊断器械	21 423	影像诊断器械	8 987		
			实验室诊断器械	2 143		
			组织病理学诊断器械	958		
			液体活检诊断器械	1 388		
			分子影像诊断器械	2 050		
			其他	6 492		
抗肿瘤医疗器械	肿瘤监测器械	11 678	电生理监测器械	1 786		
			生理监测器械	1 608		
			病情监测器械	2 778		
			其他	5 668		

1.2.3　专利文献的去噪

由于分类号和关键词的特殊性，查全得到的专利文献中必定含有一定数量超出分析边界的噪声文献，因此需要对查全得到的专利文献进行噪声文献的剔除，即专利文献的去噪。本研究主要通过去除噪声关键词对应的专利文献再结合人工去噪的方式进行。首先提取噪声文献检索要素，找出引入噪声的关键词，对涉及这些关键词的专利文献进行剔除。在完成噪声关键词去噪后对被清理的专利文献进行人工处理，找回被误删的专利文献，最终得到待分析的专利文献集合。

1.2.4　检索结果的评估

对检索结果的评估贯穿整个检索过程，在查全与去噪过程中需要分阶段对所获得的数据文献集合进行查全率与查准率的评估，保证查全率与查准率均在 80% 以上，以确保检索结果的客观性。

1.2.4.1　查全率

查全率是指检出的相关文献量与检索系统中相关文献总量的比率，是衡量信息检索系统检出相关文献能力的尺度。

专利文献集合的查全率定义如下：设 S 为待验证的待评估查全专利文献集合，P 为查全样本专利文献集合（P 集合中的每一篇文献都必须与分析的主题相关，即为"有效文献"），则查全率 r 可以定义为：$r = num(P \cap S)/num(P)$ 其中，$P \cap S$ 表示 P 与 S 的交集，$num(\ )$ 表示集合中元素的数量。

评估方法：各技术主题根据各自检索的实际情况，分别采取分类号、关键词等方式进行查全评估，如小分子靶向药选择了重点企业的重要发明人团队、行业中的著名申请人构建样本集；影像诊断器械则采用申请人和主要影像诊断器械类型相结合的验证方式。

1.2.4.2　查准率

专利文献集合的查准率定义如下：设 S 为待评估专利文献集合中的抽样样本，S' 为 S 中与分析主题相关的专利文献，则待验证的集合的查准率 p 可定义为：$p = num(S')/num(S)$，其中，$num(\ )$ 表示集合中元素的数量。

评估方法：各技术主题根据各自实际情况，采用各技术分支抽样、人工阅读的方式进行查准评估。

最终，本书中研究的查全率与查准率都已经做到各自技术主题的最优平衡。

1.2.5 检索后的数据处理

专利检索分解后，依据研究内容分解后的技术内容对采集的数据进行加工整理，本书中研究内容的数据处理包括数据规范化和数据标引。数据规范化是加工过程的第一阶段，是后续工作开展的基础，直接影响数据分析的结论。首先对专利信息和非专利数据采集信息按照特定的格式进行数据整理，规范化处理，保证统一、稳定的输出规范，形成直观和便于统计的 Excel 文件，生成完整、形式规范的数据信息，然后根据分析目标，以达到深度分析为目的对专利文献作出相应的数据标引，标引结果的准确性和精确性直接影响专利分析的结果。

1.2.6 相关数据约定及术语解释

1.2.6.1 数据完整性

本书中研究的检索截止日期为 2023 年 8 月 28 日。由于发明专利申请自申请日（有优先权的自优先权日）起 18 个月公布，实用新型专利申请在授权后公布（其公布的滞后程度取决于审查周期的长短），而 PCT 专利申请可能自申请日起 30 个月甚至更长时间才进入国家阶段，其对应的国家公布时间就更晚，所以，检索结果中包含的 2021 年之后的专利申请量比真实的申请量要少，具体体现为分析图表可能出现各数据在 2020 年之后突然下滑的现象。

1.2.6.2 申请人合并

对申请人字段进行清洗处理。专利申请人字段往往出现不一致的情况，如申请人字段"A 公司（集团）""B 公司（集团）""C 公司（集团）"，将这些申请人公司名称统一；另外对前、后使用不同名称而实际属于同一家企业的申请人统一为现用名；对于部分企业的全资子公司申请全部合并到母公司申请。

1.2.6.3 对专利"件"和"项"数的约定

本研究涉及全球专利数据和中文专利数据。在全球专利数据中，将同一项发明创造在多个国家申请而产生的一组内容相同或基本相同的系列专利申请称为同族专利，将这样的一组同族专利视为一"项"专利申请。在中文专利数据库中，针对同一申请号的申请文本和授权文本等视为同一"件"专利。

1.2.6.4 同族专利约定

在全球专利数据分析时，存在一件专利在不同国家申请的情况，这些发明内容相同或相关的申请被称为专利族。优先权完全相同的一组专利被称为狭义同族，具有部分相同优先权的一组专利被称为广义同族。本研究的同族专利指的是狭义同族专利，即一件专利如进行海外布局，则为一组狭义同族专利。

1.2.6.5 有关法律状态的说明

有效专利：到检索截止日为止，专利权处于有效状态的专利申请。

失效专利：到检索截止日为止，已经丧失专利权的专利或者自始至终未获得授权的专利申请，包括被驳回、视为撤回或撤回、被无效、未缴纳年费、放弃专利权、专利权届满等无效专利。

审中专利：该专利申请可能还未进入实质审查程序或者处于实质审查程序中。

1.2.6.6 其他约定

PCT 是《专利合作条约》的英文缩写。根据 PCT 的规定，专利申请人可以通过 PCT 途径递交国际专利申请，向多个国家申请专利，由世界知识产权组织（WIPO）进行国际公开，经过国际检索、国际初步审查等国际阶段之后，专利申请人可以办理进入指定国家的手续，最后由指定国的专利局对该专利申请进行审查，符合该国专利法规定的，授予专利权。

中国申请是指在中国大陆受理的全部相关专利申请，即包含国外申请人以及本国申请人向国家知识产权局提交的专利申请。

国内申请是指专利申请人地址为中国大陆的申请主体，向国家知识产权局提交的相关专利申请。

在华申请是指国外申请人在国家知识产权局的相关专利申请。

第 2 章　抗肿瘤产业现状分析

本章对国外、国内抗肿瘤产业从产业发展历程、产业规模、产业结构政策环节、龙头或骨干企业等角度进行分析，明晰抗肿瘤产业发展现状，初步判断天津市面临的问题。

2.1　抗肿瘤药物产业现状

2.1.1　全球抗肿瘤药物产业现状

2.1.1.1　抗肿瘤药物产业发展历程

肿瘤是指机体在各种致瘤因子作用下，局部组织细胞增生所形成的新生物，因为这种新生物多呈占位性块状突起，也称赘生物。

根据新生物的细胞特性及对机体的危害性程度，又将肿瘤分为良性肿瘤和恶性肿瘤两大类。恶性肿瘤可分为癌和肉瘤，癌是指来源于上皮组织的恶性肿瘤；肉瘤是指间叶组织，包括纤维结缔组织、脂肪、肌肉、脉管、骨和软骨组织等发生的恶性肿瘤。

根据世界卫生组织国际癌症研究机构（IARC）发布的 2020 年全球最新癌症负担数据，2020 年全球癌症病例 1 929 万例，2020 年癌症发患者数居前十的国家分别是：中国 457 万例，美国 228 万例，印度 132 万例，日本 103 万例，德国 63 万例，巴西 59 万例，俄罗斯 59 万例，法国 47 万例，英国 46 万例，意大利 42 万例，其中中国占全球的 23.7%，中国已经成为名副其实的"癌症大国"。具体地，2020 年中国新发癌症病例 457 万例，其中男性 248 万例，女性 209 万例。2020 年全球癌症死亡病例 996 万例，2020 年癌症死亡人数居前十的国家分别是：中国 300 万例，印度 85 万例，美国 61 万例，日本 42 万例，俄罗斯 31 万例，巴西 26 万例，德国 25 万例，印度尼西亚 23 万例，法国 19 万例，英国 18 万例。其中中国癌症死亡人数占癌症死亡总人数的 30%，主要由于中国癌症患者数量多，远超世界其他国家，癌症死亡人数位居全球第一。❶

在全球范围内，由于人口老龄化的加剧，预计 2040 年相比 2020 年，癌症负担将增加 50%，届时新发癌症病例数将达到近 3 000 万例。这在正经历社会和经济转型的国家中最显著。

与此同时，人类对于抗肿瘤药物的研究在过去几十年的时间内发展迅速，从最早的基本控制到现在已经有很好的治疗效果，有些肿瘤甚至可以治愈。

传统的抗肿瘤药物作用于 DNA 复制和细胞分化，虽然有严重的副作用，但它们用于治疗一些癌症还是很有效的。为了减少副作用，提高抗肿瘤药物的特异性，一些针对癌蛋白信号通路的药物被开发出来，但这类药物易产生耐药性，因而在应用上受到限制。

如今，作用于不同细胞机制的小分子抗癌药物不断涌现。从抗肿瘤药物发展的顺序上来看，现代抗肿瘤药物大致可以分为四代，如图 2-1 所示。

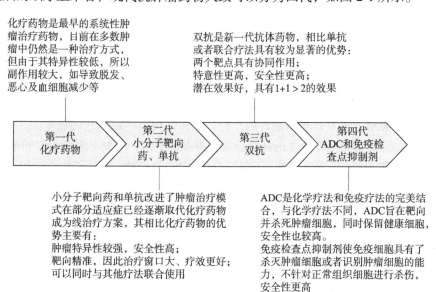

图 2-1　抗肿瘤药物发展路线

---

❶ Rebecca L，Siegel M P H，Kimberly D，et al. Nikita Sandeep Wagle MBBS，MHA，PhD，Ahmedin Jemal DVM，PhD.[EB/OL].[2023-01-12].https://acsjournals.onlinelibrary.wiley.com/doi/10.3322/caac.21763.

（1）第一代抗肿瘤药物。

第一代抗肿瘤药物（化疗药物）大都是偶然发现或者基于其结构与造血关键因子的相似性开发的。例如，第一个修饰 DNA 的药物由芥子气衍生而来：在战争中受芥子气毒害的幸存者患有白细胞减少症，这启发人们在 1943 年使用芥子气衍生物氮芥治疗淋巴瘤。

初期这类药物的使用（其用量、时机及方案）纯粹基于临床观察来决定。通过病例积累人们慢慢了解了这类化疗药物的作用机理，包括干扰 DNA 的完整性、干扰 DNA 的复制、作用于有丝分裂纺锤体中的微管，从而抑制有丝分裂。这些早期的抗肿瘤药物（如烷化剂和氮芥类、铂类、拓扑异构酶抑制剂、DNA 多聚酶抑制剂），如今仍然是临床上使用较多的药物，它们能成功地治疗睾丸癌和各种儿童白血病，但它们并不是对所有类型的癌症都有效。

需要注意的是，这些化疗药物也可能导致继发性恶性肿瘤的发生，特别是在初使用这些药物成功治疗儿童白血病和睾丸癌后。这些药物还存在很高的细胞毒性，对肿瘤细胞和正常细胞缺乏选择性，也会抑制一些快速增长的正常细胞（如肠上皮细胞、毛发细胞、生殖细胞），另外它们会抑制心肌细胞和外周神经细胞，这也是早期的化疗药物被认为是"肮脏"药物的原因。

（2）第二代抗肿瘤药物。

第一代抗肿瘤药物的局限性和肿瘤细胞分子机制的阐明推动了具有靶向性的第二代抗肿瘤药物的诞生。一些靶点在基因上发生改变并对癌细胞生长发展至关重要，被称为癌基因成瘾性。其他靶点并没有在基因上发生改变，但是对肿瘤细胞比正常细胞更重要，被称为非癌基因成瘾性。癌蛋白靶点主要涉及多种信号通路，主要是基因融合的产物、获得性突发、过表达的癌基因。

几种针对信号传导分子的药物已经获得批准上市，引发了癌症治疗的革命。这些具有靶向性的药物被称为"干净"或者"智能"药物。代表药物有 BCR-ABL 激酶抑制剂伊马替尼，2001 年作为治疗慢性脊髓性白血病的药物被批准上市。

另一类二代抗肿瘤药物是单克隆抗体，其靶点是在癌细胞上表达高于正常细胞的细胞表面受体。代表药物是酪氨酸激酶 HER2 抑制剂曲妥珠单抗，它对约占 25% 的 HER2 过度表达型乳腺癌有很好的疗效。

（3）第三代抗肿瘤药物。

虽然单克隆抗体已经成为癌症治疗的支柱，但双特异性抗体由于能够同时针对肿瘤细胞或肿瘤微环境中的两个表位，逐渐成为下一代治疗性抗体的一个重要而富有前景的组成部分。

目前正在开发中的大多数双抗类药物被设计成通过免疫细胞，特别是细胞毒性 T 细胞，与肿瘤细胞紧密连接，从而形成一个人工免疫突触，最终导致靶向肿瘤细胞的选择性攻击和裂解。Blinatumomab 是第一个被批准的双特异性抗体，同时靶向 CD3 和 CD19，于 2014 年被批准用于 Ph 阴性复发或难治性 B 细胞急性淋巴细胞白血病。

1997—2020 年，全球共有 272 项关于双特异性抗体（bsAbs）研究的临床试验。其中 29% 的研究由中国的制药公司和机构发起，紧随美国之后，排名第二。全球 bsAbs 临床试验主要集中在 Ⅰ 期（n=161）、Ⅰ/Ⅱ 期、Ⅱ 期和Ⅲ期试验仍然很少。BsAbs 的作用机制包括不同类型。目前国际上 bsAb 研究的机制主要基于 T 细胞导向疗法，而中国发起或参与的主要是基于双重免疫检查点阻断。

双特异性抗体和 CAR-T 细胞都被用于 T 细胞导向的免疫治疗，这两种方法各有利弊。虽然 CAR-T 细胞对血液系统恶性肿瘤有更好的治疗效果，但它们治疗费用高昂，而且还需要额外的培训。与 CAR-T 相比，双特异性抗体是"现成的"，因此降低了成本，增加了许多患者的治疗机会。CAR-T 细胞和双抗类药物都有副作用，包括细胞因子释放综合征和神经毒性。

（4）第四代抗肿瘤药物。

免疫检查点抑制剂主要针对的就是肿瘤细胞逃避免疫攻击的几个关键环节，通过对这些环节的阻断，人体内的免疫细胞可以大量增殖活化，并且顺利准确地找到肿瘤细胞，对肿瘤细胞进行精确的"歼灭"。免疫检查点抑制剂改变了多种恶性肿瘤的治疗模式，成为恶性肿瘤治疗新的里程碑，是全球药物研发热点。2018 年是中国免疫治疗元年。PD-1 抑制剂帕博利珠单抗于 2014 年 9 月 4 日被美国 FDA 批准上市，用于经治转移性黑色素瘤；2018 年 7 月 25 日被 NMPA 批准在中国上市，适应症同上。纳武利尤单抗于 2014 年 12 月 22 日被美国 FDA 批准上市，用于经治转移性黑色素瘤；2018 年 6 月 15 日在中国上市，用于晚期 NSCLC 患者的二线治疗。中国研发且已上市的 PD-1 抑制剂包括特瑞普利单抗、信迪利单抗、卡瑞利珠单抗和替雷利珠单抗。Ⅰ 期临床试验结果显示，特瑞普利单抗在腺泡软组织肉瘤（alveolar soft part sarcoma，ASPS）和淋巴瘤中表现出持久的抗肿瘤活性，且安全性良好。基于 POLARIS-01 研究，特瑞普利单抗 2018 年 12 月 7 日被 NMPA 批准在中国上市，用于既往标准治疗失败后的局部进展或转移性黑色素瘤。基于 ORIENT-1 研究，信迪利单抗于 2018 年 12 月 24 日被 NMPA 批准在中国上市，用于至少经过二线系统化疗的复发或难治性经典型霍奇金淋巴瘤（classical Hodgkin's lymphoma，cHL）的治疗。国家 1 类新药全人源 PD-1 抑制剂信迪利单抗注射液的研究开发及产业化获得 2020 年中国药学会科学技术奖一等奖。随后，基于 2 项Ⅱ期关键性研究，卡瑞利珠单抗和替雷利珠单抗分别于 2019 年 5 月 29 日和 2019 年 12 月 27 日在中国上市，用于复发难治性 cHL 的治疗。

　　"免疫检查点抑制剂"这类药物与传统的抗肿瘤药物有着本质的不同，它们并不是以肿瘤细胞为目标直接对其进行杀伤，而是以调节人体自身的免疫功能为目的，通过改变免疫细胞与肿瘤细胞的固有联系、改变肿瘤细胞的微环境，激发出免疫细胞攻击肿瘤的巨大潜能，借助自身免疫细胞来杀灭肿瘤，从而达到治疗肿瘤的最终目标。这种免疫治疗方法与传统治疗相比，由于不针对正常组织细胞进行杀伤，所以毒副作用有了大幅度的降低（主要副作用为免疫相关的副作用），治疗肿瘤的疗效有了很大提升，成为目前肿瘤治疗领域的一股不可或缺的新生力量。目前，医学专家们对"免疫检查点抑制剂"治疗各类恶性肿瘤的经验越来越丰富，更多的肿瘤病种被纳入了免疫治疗的范畴。同时，医学专家们还在不断探索其他肿瘤治疗方式与免疫治疗的联合应用模式，力争进一步提高恶性肿瘤的治疗效果。

　　抗体－药物偶联物（ADC）是一类新兴的高效药物，是化学疗法和免疫疗法的完美结合。抗体－药物偶联物或 ADC 是一类生物制药药物，设计用于治疗癌症的靶向疗法。与化学疗法不同，ADC 旨在靶向并杀死肿瘤细胞，同时保留健康细胞。截至 2023 年 5 月，有 433 家制药公司正在开发 ADC。

　　ADC 是由与具有生物活性的细胞毒性（抗癌）有效载荷或药物相连的抗体组成的复杂分子。抗体－药物偶联物是生物偶联物和免疫偶联物的一个例子。

　　ADC 结合了单克隆抗体的靶向特性和细胞毒性药物的抗癌能力，旨在区分健康组织和患病组织。抗癌药物与靶向特定肿瘤抗原（或蛋白质）的抗体偶联，在理想情况下，该抗原仅存在于肿瘤细胞内或肿瘤细胞上。抗体附着在癌细胞表面的抗原上。附着时发生的生化反应会触发肿瘤细胞中的信号，然后肿瘤细胞会吸收或内化抗体及连接的细胞毒素。ADC 被内化后，细胞毒素会杀死肿瘤细胞。它们的靶向能力被认为可以限制癌症患者的副作用，并提供比其他化疗药物更广泛的治疗窗口。

　　从 2000 年第一款抗体偶联药物（ADC）获批用于急性髓性白血病的治疗以来，经过 20 多年探索和研发，至今已有 14 款 ADC 药物成功获批用于肿瘤临床治疗。2022 年 8 月，FDA 宣布，加速批准阿斯利康（Astra Zeneca）和第一三共（Daiichi Sankyo）联合开发的抗体偶联药物 Enhertu，使其成为用于治疗 HER2 低表达转移性乳腺癌患者的首款 HER2 靶向疗法，这更进一步证实了 ADC 药物在肿瘤治疗中的优异疗效。

　　第一代和第二代抗肿瘤药物属于化学药物，化学药仍然扮演着重要的角色，而第二代分子靶向药和单抗类药物治疗是目前抗肿瘤药物的主力军。肿瘤化学药物治疗开始于 20 世纪 40 年代，经过几十年的发展，目前全球临床应用的抗肿瘤药物有 100 多种，按照药物研发阶段一般分为三类：细胞毒类药物、激素类药物、靶向药物。细胞类抗肿瘤药物主要是通过干扰 DNA、RNA 的复制过程和有丝分裂过程杀伤细胞并抑制其增殖的药物。激素类抗肿瘤药物主要通过调整体内技术水平，抑制肿瘤生长。靶向药物分为主要作用于肿瘤细胞的表面或者内部与靶点结合干扰相关蛋白酶活性，而第三代抗肿瘤药物中的免疫治疗药物、ADC 类药物、双特异性抗体均属于肿瘤靶向治疗的研究热点和未来的发展方向，在未来的肿瘤治疗中，不再可能使用单一药物疗法，为达到更好的临床疗效，需寻找并阐明不同肿瘤的分子特征，然后给予针对性的药物种类或药物组合进行治疗。总体来说，在未来的药物研发中，需要利用生物标记物来确定候选药物的功效以及协同优化现有的治疗方案，从而实现肿瘤治疗的更好效果。

2.1.1.2　抗肿瘤药物产业规模及行业格局

2015—2019 年，全球抗肿瘤药物市场从 832 亿美元增长至 1 435 亿美元，分别占全球药物市场的 7.5% 和 10.8%，复合年均增长率达到 14.6%。2022 年全球抗肿瘤药物市场的规模和占比分别为 1 596 亿美元和 11.7%。2022 年全球抗肿瘤药物收入及药物销售额排名如图 2-2 所示。预计未来十年该市场仍将继续扩张，2024 年和 2030 年将分别达到 2 444 亿美元和 3 910 亿美元，相应的复合年均增长率为 11.2% 和 8.2%。

市场稳步增长的驱动因素主要有以下几个方面：

首先，肿瘤患者群体不断扩大。癌症是全球死亡的主要原因之一，每年夺走数百万人的生命。最常见的致死癌症是肺癌、结直肠癌、胃癌、肝癌和乳腺癌。预防、早期发现和有效治疗是降低癌症负担的关键策略。

其次，随着抗肿瘤药物研发管线的不断发展，针对以往医学不能覆盖的治疗领域有了新的治疗方法，扩大了市场需求。例如，靶向治疗和免疫治疗等新兴技术能够针对特定的癌基因突变或免疫检查点进行精准干预，提高了一部分患者的生存率和生活质量。

最后，患者对创新疗法的支付能力也有所提升。随着经济水平和医保制度的改善，患者对高价创新药物的接受度和承受度增加。同时，一些创新药物也通过降价、谈判、纳入医保等方式降低了患者的负担。

全球抗肿瘤药市场在 2024 年有望达到 2 444 亿美元，2022—2024 年的复合年均增长率预期达 11.2%。到 2030 年，全球抗肿瘤药物市场将有望达到 3 913 亿美元，2024—2030 年的预期复合年的增长率为 8.2%。❶

---

❶　中航证券.《创新药系列深度报告（二）》[EB/OL].[2022-11-24]. https://pdf.dfcfw.com/pdf/H3_AP202211271580605011_1.pdf?1669564479000.pdf.

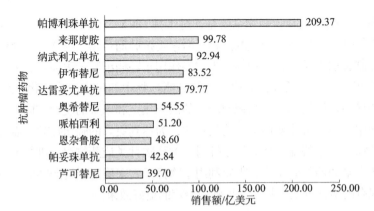

图 2-2　2022 年全球肿瘤药物收入及药物销售额排名 ❶

　　根据各大药企公布的 2022 年财报统计，2022 年全球抗肿瘤药物市场规模超 1 500 亿美元，其中排名前 10 位的抗肿瘤药销售额合计约 802 亿美元，排名前 10 位的抗肿瘤药包括 4 款单抗药物及 6 款小分子药物，帕博利珠单抗和来那度胺分别排在这两种类型药物的首位。百时美施贵宝（BMS）依旧高居榜首。2022 年跨国药企业务收入排名如图 2-3 所示。

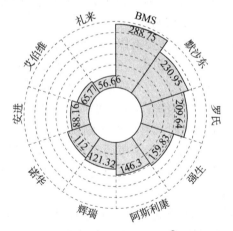

图 2-3　2022 年跨国药企业务收入排名 ❷（单位：亿美元）

---

　　❶　药研发.《2022 年全球肿瘤药销售 TOP10》[EB/OL].[2023-02-22].https://mp.weixin.qq.com/s?__biz= MzI1NzExNDQ4Nw==&mid=2650790347&idx=2&sn=ef353fb5812c8905866f7f93be5f9015&chksm=f21711d3 c56098c56a5af6752fa4a3fff9c9401c38b346d181eb8d8a86d17534ef7d1d31ed04&scene=27.

　　❷　药研发《2022 年全球肿瘤药销售 TOP10》[EB/OL].[2023-02-22].https://mp.weixin.qq.com/s?__biz=Mz I1NzExNDQ4Nw==&mid=2650790347&idx=2&sn=ef353fb5812c8905866f7f93be5f9015&chksm=f21711d3c56 098c56a5af6752fa4a3fff9c9401c38b346d181eb8d8a86d17534ef7d1d31ed04&scene=27.

相较于 2021 年的 172 亿美元，帕博利珠单抗（Keytruda）2022 年的销售额同比增长 22%，该药品过去几年几乎每年有新适应症获批，目前该药品在全球已获批 30 余种适应症。在临床用药上也开始更多向早期一线用药转移。

其他单抗类药物方面，全球首款获批上市的用于治疗多发性骨髓瘤的 CD38 达雷妥尤单抗（Darzalex）2022 年销售额为 79.77 亿美元，同比增长 32.4%，排在第五位。罗氏的帕妥珠单抗（Perjet）2022 年销售额为 42.84 亿美元，同比增长 5%，该药 2018 年在中国获批，基于国内早期和转移性乳腺癌对帕妥珠单抗的需求较高，2022 年该药在中国地区的销量实现了迅猛增长。

在小分子药物方面，蝉联多年销售冠军的来那度胺（Revlimid）排在总榜第二位，其 2022 年营收 99.8 亿美元。来那度胺的核心专利已经在 2019 年过期，其他的专利也大部分在 2022 年 3 月左右到期，在仿制药的冲击下，来那度胺 2022 年的销售额下滑 22%。2022 年跨国药企肿瘤业务排名发生变化，多家药企排名上升。2022 年跨国药企肿瘤业务的排名相较于上两年发生了些许变化。

2020 年和 2021 年的跨国公司肿瘤业务销售额排名一直保持相对稳定，连续两年并未发生变化。2022 年这种平衡被打破。默沙东、阿斯利康和强生的肿瘤业务收入持续增长，排位上升；罗氏肿瘤业务排除汇率影响基本未发生变化（-1%），辉瑞小有下浮，尽管如此也都得到了顺位替补。诺华肿瘤业务相对于 2021 年下降 40 多亿美元，排名也就发生了较大变化。安进、艾伯维、礼来虽然境遇不同，相对于往年收入有增有减，但排位并未发生改变。

肿瘤业绩排名的变化反映了收入增减，折射了各家企业抗肿瘤药物市场的涨跌差异。百时美施贵宝虽然依旧高居榜首，纳武利尤单抗（Opdivo）稳中有升（+10%），但也难以弥补来那度胺和白蛋白紫杉醇（Abraxane）下滑导致的收入总额减少。所以，百时美施贵宝肿瘤收入总额相较上年出现下滑，但体量上的优势依旧令其暂时保持领先优势。

2.1.2　中国抗肿瘤药物产业现状

2.1.2.1　中国抗肿瘤药物产业基本情况

我国抗肿瘤药物行业发展可以分为三个阶段：1970 年前处于探索阶段，我国抗肿瘤药物缺乏规范的制度管理；1970—2000 年处于起步阶段，其研究内容主要涉及寻找新的药物作用靶点，运用新技术、新方法深入探讨抗肿瘤药物的分子作用机制等，内容大多针对难治性实体瘤，如肝癌、肺癌和鼻咽癌等；21 世纪以来，为快速发展期，我国抗肿瘤药行业重点发展靶向治疗、免疫治疗、基因治疗，并开启联合治疗新模式。

随着社会经济的发展，抗肿瘤药行业在中国发展迅速。根据国家药品监督管理局的报告，从 2018 年至今，病变诊断、治疗对象越来越多，抗癌药物的购买量也显示出大幅增长，抗肿瘤药行业发展迅猛，该行业拥有了较大的市场发展空间。

近年来随着我国对抗肿瘤药的政策鼓励及倾斜、药品知识产权保护制度的建立，越来越多的资本涌入创新药行业，催生了一大批创新药研发企业，并形成了诸如公司、百济神州、信达生物等一些国内第一梯队的创新药研发企业。随着国内创新药企业技术水平不断提高，国产的抗肿瘤药产品性价比高、效果稳定可靠及在地缘等方面的优势逐渐显现，在国内医院的临床使用率也随之逐渐增高。

根据国家癌症中心的统计数据，我国恶性肿瘤的五年生存率已经从十年前的 30.9% 提升到目前的 40.5%，提高了近 10 个百分点，但依然远低于美国的 66%，整体与发达国家依然存在较大差距。造成差距的主要原因，一方面是我国癌症发病的前几位恶性肿瘤大部分预后较差，而美国人可以使用更具革新性的药物，在整体生存率方面获得显著益处。尤其是一些较罕见、预后较差的肿瘤，基础研究和相关医院的科研实力对患者的生存机会影响极大。另一方面，我国癌症筛查和早诊早治覆盖人群还相对比较少，大众主动参加防癌体检的意识还不够强，大多数患者在发现癌症的时候就已经是中晚期了，治疗效果比较差。

中国抗肿瘤药物行业发展现状包括以下几个方面。

（1）肿瘤疾病发病率处于高发态势。北京研精毕智发布的行业研究数据显示，2021 年我国癌症年新发病例达到 465 万例，同比增长 3.3%，同年国内医院肿瘤疾患者均医药费用超过 20 000 元，同比增长 6.1%，由此可见我国肿瘤疾病发病率正处于高发态势，这将加速推动抗肿瘤药物行业的技术创新进程，与此同时将促进抗肿瘤药物行业的快速发展。

（2）技术研发力度加大。从我国抗肿瘤药物行业内的生产企业的技术研发情况来看，目前已经有多家企业在多个肿瘤治疗领域进行产业布局，加速建设技术研发管线，在覆盖激酶抑制剂、抗体偶联药物（ADC）、肿瘤免疫和激素受体调控等领域进行大规模的研发投入，在一定程度上推动了我国抗肿瘤药物行业技术的研发进程，为行业发展提供了有力的保障。

（3）政策加大行业支持力度。近几年我国不断发布抗肿瘤药物行业相关领域的政策，在药品研发和审批程序等方面加大了支持力度，大幅度缩短了新药审批流程所需的时间，提高了抗肿瘤药物行业的审批效率。

2.1.2.2 中国抗肿瘤药物产业规模及行业格局

中国是全球最大的抗肿瘤药物消费国，也是最具有发展潜力的市场之一。中国抗肿瘤药物市场保持了稳定的增长势头。2021 年，市场规模达到 2 311 亿元，较上年增长了 17.01%。2022 年市场规模为 2 549 亿元。市场增长的主要原因有以下几个方面。

首先，中国肿瘤发病率和死亡率居高不下。2023 年全年，中国的癌症患者数量仍然很高，有 400 多万人被诊断出患有癌症，这占了全球的四分之一，是世界上最多的国家；同时，中国的癌症死亡人数也很惊人，达到了 310 万人，超过了全球三分之一的水平，也是世界上最高的国家。肺癌、胃癌、结直肠癌、乳腺癌等是中国最常见的癌症类型。

其次，中国抗肿瘤药物创新能力不断提升。近年来，中国药企在抗肿瘤领域投入了大量的资金和人力，开展了多项创新药物的研发和临床试验。截至 2022 年 12 月，中国共有约 900 种抗肿瘤药物在研发中，其中包含约 300个原创新药（first-in-class）药物。一些创新药物已经获得国内外的批准上市或优先审评资格，如恒瑞医药的安罗替尼、贝达药业的替吉奥、信达生物的特沃舒单抗等。

最后，中国政府出台了一系列支持和规范抗肿瘤药物市场的政策措施。例如，自 2018 年 5 月 1 日起，我国实际进口的全部抗肿瘤药实现零关税；自2019 年 1 月 1 日起，我国将 17 种抗癌药纳入医保目录，并与企业进行谈判降价；自 2020 年 1 月 1 日起，我国对进口抗癌药实施 3% 的增值税率等。

未来几年，中国抗肿瘤药物市场仍将保持较高的增长速度。预计 2023 年底，中国抗肿瘤药物市场规模将达到 2 549 亿元，2022—2025 年复合年均增长率为 14.7%。❶

2.1.2.3 中国抗肿瘤药物产业政策

在老龄化程度逐年提高的市场背景下，我国肿瘤患者数量逐年提高，对于抗肿瘤药物的市场需求也越来越大。近年来，国家的抗肿瘤药政策经历了从"重点发展生物医药，综合防治恶性肿瘤等慢性病"到"重点加强肿瘤等领域的医疗服务能力建设"再到"加快发展生物医药等产业"的变化。

---

❶ 尚普咨询集团.2023 年抗肿瘤药物市场整体竞争格局分析 [EB/OL].[2023-05-23].http://article.shangpu-china.com/yjjywz/jzdsdy/264908.html.

　　"十一五"时期，提出重点发展生物医药，综合防治心脑血管疾病、恶性肿瘤等慢性病；"十二五"时期，提出重点加强肿瘤等领域的医疗服务能力建设；"十三五"时期，提出有效防控恶性肿瘤等慢性病；"十四五"时期，提出加快发展生物医药等产业。

　　国内抗肿瘤药物主要法律规范见表2-1。

　　医药行业直接关系国民身体健康，我国在药品研发、注册、生产及经营等方面均制定了严格的法律、法规及行业标准，通过事前事中及事后的严格监管以确保公众用药安全。目前医药行业监管主要集中在药品注册管理、药品生产和药品经营、药品分类管理等环节。

表 2-1　行业主要法律规范 ❶

序号	法律规范名称	发布部门	发布时间	主要内容
1	药品管理			
1.1	《中华人民共和国药典》（2020年版）	国家药品监督管理局、国家卫生健康委员会	2020-06-24	药品研制、生产（进口）、经营、使用和监督管理等均应遵循的法定技术标准
1.2	《中华人民共和国药品管理法》（2019年修订）	全国人民代表大会常务委员会	2019-08-26	根据药品管理法，进一步明确对药品生产和经营企业、药品的管理、监督；以药品监督管理为中心内容，深入论述了药品评审与质量检验、医疗器械监督管理、药品生产经营管理、药品使用与安全监督管理、医院药学标准化管理、药品稽查管理、药品集中招投标采购管理，并加大了对药品违法行为的处罚力度
1.3	《中华人民共和国药品管理法实施条例》（2019修订）	国务院	2019-03-02	对药品生产企业管理、药品经营企业管理、医疗机构的药剂管理、药品管理、药品包装的管理、药品价格和广告的管理、药品监督等进行了详细规定
2	药品注册及临床			

---

❶ 观研天下.中国抗肿瘤药物市场发展现状研究与投资前景分析报告（2022—2029年）[EB/OL].[2022-02-25].https://www.chinabaogao.com/zhengce/202202/576357.html.

序号	法律规范名称	发布部门	发布时间	主要内容
2.1	《药品不良反应报告和监测管理办法（2011）》	卫生部	2011-05-04	为加强药品的上市后监管，规范药品不良反应报告和监测，及时、有效控制药品风险，保障公众用药安全，对在中国开展的药品不良反应报告、监测以及监督管理进行规定
2.2	《关于深化药品审评审批改革进一步鼓励药物创新的意见》	国家食品药品监督管理总局	2013-02-22	提出推进药品审评审批改革，加强药品注册管理，提高审评审批效率，鼓励创新药物和具有临床价值仿制药，满足国内临床用药需要，确保公众用药更加安全有效
2.3	《国际多中心药物临床试验指南（试行）》	国家食品药品监督管理总局	2015-01-30	国际多中心药物临床试验数据用于在我国进行药品注册申请的，应符合《药品注册管理办法》有关临床试验的规定
2.4	《关于改革药品医疗器械审评审批制度的意见》	国务院	2015-08-09	就如何提高审评审批质量、解决注册申请积压、提高仿制药质量、鼓励研究和创制新药、提高审评审批透明度等目标提出改革方向和措施
2.5	《关于药品注册审评审批若干政策的公告》	国家食品药品监督管理总局	2015-11-11	明确优化临床试验申请的审评审批，及加快临床急需等药品的审批
2.6	《关于推进药品上市许可持有人制度试点工作有关事项的通知》	国家食品药品监督管理总局	2017-08-15	进一步落实药品上市许可持有人法律责任，明确委托生产中的质量管理体系和生产销售全链条的责任体系、跨区域药品监管机构监管衔接、职责划分以及责任落地

续表

序号	法律规范名称	发布部门	发布时间	主要内容
2.7	《关于发布药品注册受理审查指南（试行）的通告》	国家食品药品监督管理总局	2017-11-30	根据《关于调整药品注册受理工作的公告》相应制定的药品注册受理审查指南
2.8	《关于鼓励药品创新实行优先审评审批的意见》	国家食品药品监督管理总局	2017-12-21	提出加强药品注册管理，加快具有临床价值的新药和临床急需仿制药的研发上市，解决药品注册申请积压的矛盾
2.9	《关于优化药品注册审评审批有关事宜的公告》	国家药品监督管理局、国家卫生健康委员会	2018-05-17	进一步简化和加快了临床试验批准程序
2.10	《接受药品境外临床试验数据的技术指导原则》	国家药品监督管理局	2018-07-06	允许境外临床试验数据用于在中国的临床试验许可及新药申请
2.11	《药品注册管理办法》	国家市场监督管理总局	2020-01-22	在中华人民共和国境内以药品上市为目的，从事药品研制、注册及监督管理活动适用的法规
2.12	《药物临床试验质量管理规范》	国家药品监督管理局、国家卫生健康委员会	2020-04-23	药物临床试验全过程的质量标准，包括方案设计、组织实施、监察、稽查、记录、分析、总结和报告
2.13	《以临床价值为导向的抗肿瘤药物临床研发指导原则（征求意见稿）》	国家药监局药物审评中心	2021-07-02	提出抗肿瘤药物研发，从确定研发方向，到开展临床试验，都应贯彻以临床需求为核心的理念，开展以临床价值为导向的抗肿瘤药物研发
3	药品生产			
3.1	《药品生产质量管理规范》	卫生部	2011-01-07	从药品生产的人员安排、厂房及设施、生产设备等方面系统规范药品生产的质量要求
3.2	《中华人民共和国药品管理法实施条例（2019年修订）》	国务院	2019-03-22	开办药品生产企业，须经企业所在地省、自治区、直辖市人民政府药品监督管理部门批准并发给《药品生产许可证》。依法对药品研制生产、经营、使用全过程中药品的安全性、有效性和质量可控性负责

序号	法律规范名称	发布部门	发布时间	主要内容
3.3	《药品生产监督管理办法》（2020 年）	国家市场监督管理总局	2020-01-22	规范药品生产企业的申办审批、许可证管理、委托生产以及监督检查
4	药品经营			
4.1	《关于印发推进药品价格改革意见的通知》	国家发改委、国家卫生计生委、人力资源和社会保障部、工业和信息化部、财政部、商务部、国家食品药品监督管理总局	2015-05-04	明确推进药品价格改革、建立科学合理的药品价格形成机制是推进价格改革的重要内容，也是深化医药卫生体制改革的重要任务
4.2	《药品经营质量管理规范》（2016 年修订）	国家食品药品监督管理总局	2016-07-13	规范药品采购、储存、销售、运输等环节的质量控制，确保药品质量
4.3	《关于在公立医疗机构药品采购中推行"两票制"的实施意见（试行）》	国务院深化医药卫生体制改革领导小组办公室、国家卫生计生委、国家食品药品监督管理总局等八部门	2016-12-26	药品生产企业到流通企业开一次发票，流通企业到医疗机构开一次发票，要求公立医疗机构药品采购中逐步推行"两票制"，鼓励其他医疗机构药品采购中推行"两票制"
4.4	《药品经营许可证管理办法》（2017 年修订）	国家食品药品监督管理总局	2017-11-17	规定了申领药品经营许可证的条件、程序、变更与换发和监督检查等

抗肿瘤产业国内相关政策见表 2-2。

近些年，为了推进抗肿瘤药行业发展，我国陆续发布了一系列相关政策，国家药品监督管理局、药品审评中心发布的《以临床价值为导向的抗肿瘤药物临床研发指导原则》规定，药物研发应该以患者需求为核心，以临床价值为导向。在药物研发过程中，需要充分分析人群的特殊状态对药物药代动力学、药效学和安全性的影响，必要时开展相关临床药理学研究，以满足临床上特殊人群用药需求。

表 2-2　主要产业政策 ❶

发布时间	发布部门	政策名称	重点内容
2021 年 11 月	国家药品监督管理局、药品审评中心	《以临床价值为导向的抗肿瘤药物临床研发指导原则》	药物研发应该以患者需求为核心，以临床价值为导向。在药物研发过程中，需要充分分析人群的特殊状态对药物药代动力学、药效学和安全性的影响，必要时开展相关临床药理学研究，以满足临床上特殊人群用药需求
2021 年 9 月	国家卫健委等三部门	《瘤诊疗质量提升行动计划》	使用抗肿瘤药物前，应当取得病理诊断支持，对于有明确作用靶点的药物，应当取得靶点检测支持。个别难以进行病理诊断的肿瘤，可以依据相关诊疗规范（指南）等进行临床诊断。建立抗肿瘤药物遴选和评估制度，开展临床综合评价，紧密结合临床需求制定并定期调整抗肿瘤药物供应目录，不断提升抗肿瘤药物的临床价值和供应保障能力
2021 年 6 月	国家卫健委等三部门	《关于进一步加强综合医院中医药工作推动中西医协同发展的意见》	三级综合医院要加强中西医结合临床研究工作，聚焦癌症、心脑血管病、糖尿病、感染性疾病、老年痴呆、高原病防治和微生物耐药问题等，积极探索开展中西医协同攻关，形成中西医结合诊疗方案
2020 年 12 月	国家药品监督管理局药品审评中心	《抗肿瘤创新药上市申请安全性总结资料准备技术指导原则》	建议将产品的安全性特征与同类药（已上市同靶点药物或结构相似的改良型新药）对比分析，系统性总结和描述产品的安全性特征，特别是试验药为明确的改构药，但不良反应与原研产品存在显著差异时，应阐述差异的机制原因，包括不同的理化特征、吸收、分布、代谢特征、代谢酶、靶点及靶点活性、脱靶毒性等

❶ 观研天下.《中国抗肿瘤药物市场发展现状研究与投资前景分析报告（2022—2029 年）》[EB/OL]. [2022-02-25].https://www.chinabaogao.com/zhengce/202202/576357.html.

续表

发布时间	发布部门	政策名称	重点内容
2020 年 12 月	国家药品监督管理局药品审评中心	《抗肿瘤药联合治疗临床试验技术指导原则》	对抗肿瘤药物临床研究一般考虑进行阐述，重点阐述在不同临床研究阶段中需要重点考虑的问题，旨在为抗肿瘤药物临床研究的设计、实施和评价提供方法学指导
2020 年 12 月	国家卫生健康委员会	《抗肿瘤药物临床应用管理办法〔试行〕》	医疗机构开展肿瘤多学科诊疗的，应当将肿瘤科、药学、病理、影像、检验等相关专业人员纳入多学科诊疗团队，落实抗肿瘤药物管理要求，保障合理用药，提高肿瘤综合管理水平。医联体内开展肿瘤诊疗的医疗机构之间应当加强抗肿瘤药物供应目录衔接，建立联动管理机制，做好抗肿瘤药物供应保障，逐步实现区域内药品资源共享，保障双向转诊用药需求
2019 年 9 月	国家卫生健康委员会等部门	《健康中国行动癌症防治实施方案（2019—2022 年）》	加强抗肿瘤药物临床应用管理，指导医疗机构做好谈判抗癌药品配备及使用工作，完善用药指南，建立处方点评和结果公示制度。构建全国抗肿瘤药物临床应用监测网络，开展肿瘤用药监测与评价
2019 年 8 月	国务院	《关于印发 6 个新设自由贸易试验区总体方案的通知》	加快创新药品审批上市，对抗癌药、罕见病用药等临床急需的创新药品实施优先审评审批
2019 年 5 月	国务院	《深化医药卫生体制改革 2019 年重点工作任务》	加强癌症防治，推进预防筛查和早诊早治，加快境内外抗癌新药注册审批，畅通临床急需抗癌药临时进口渠道
2018 年 12 月	国家卫生健康委员会	《关于开展全国抗肿瘤药物临床应用监测工作的通知》	国家卫生健康委员会组织国家癌症中心开发了全国抗肿瘤药物临床应用监测网，对抗肿瘤药物临床应用情况进行监测
2018 年 10 月	国家医疗保障局	《关于将 17 种抗癌药纳入国家基本医疗保险、工伤保险和生育保险药品目录乙类范围的通知》	将阿扎胞苷等 17 种药品纳入《国家基本医疗保险、工伤保险和生育保险药品目录（2017 年版）》乙类范围，并确定了医保支付标准

续表

发布时间	发布部门	政策名称	重点内容
2018 年 9 月	国家卫生健康委员会	《新型抗肿瘤药物临床应用指导原则（2018 版）》	新型抗肿瘤药物临床应用指导原则：病理组织学确认后方可使用、基因检测后方可使用、严格遵循适应症用药、体现患者治疗价值、特殊情况下的药物合理使用、重视药物相关性不良反应

2.1.3 天津市抗肿瘤药物产业现状

2.1.3.1 天津市抗肿瘤药物产业发展基本情况

天津市的抗肿瘤药物发展与国内主要城市以及发达国家相比差距较大，绝大多数的技术创新为高校和科研机构拥有，抗肿瘤药物的生产企业数量较少，研发实力较弱，还未形成产业规模，但是近几年天津市对于抗肿瘤药物的关注，以及一些协会和平台的建设，推动了天津市抗肿瘤药物的发展。生物医药产业是国家重点支持的战略性新兴产业，是天津市打造"1+3+4"现代工业产业体系的重点之一，也是"一主两翼"产业创新格局的两"翼"之一，极具成长性和带动性。现在基本形成以滨海新区为核心，武清、北辰、西青、津南各具特色的发展格局。如滨海新区的国家生物医药国际创新园，形成了以中药、化学药、生物制药为主核心的产业特色，建立了中德医药产业园、中英生物医药产业化基地、中新天津生态城生物医药产业园、九州通生物医药产业园等专业化生物医药产业园区。天津市有生物医药企业 1500 余家，在中药领域，聚集了中新药业、盛实百草等高成长性企业；在化学药领域，聚集了葛兰素史克、施维雅、大冢制药、金耀集团、力生制药、天津医药集团等国内外知名企业；在生物药领域，聚集了康希诺、杰科生物、溥瀛生物、诺和诺德、华立达生物、中源协和、诺维信等企业；在医疗器械领域，聚集了赛诺医疗、天堰科技、一瑞生物、迈达医学、邦盛医疗、哈娜好、瑞奇外科等多家优势企业；在医药外包领域，聚集了凯莱英医药集团、药明生物、斯芬克司药物研发、海河生物等企业。目前天津市在抗肿瘤药物方面的发展尚未形成产业化，但是相信随着招商引资、技术引进以及产学研的结合，将来天津市在抗肿瘤药物方面会大放异彩。

2.1.3.2　天津抗肿瘤药物产业政策

为了响应国家号召，各个省市积极推动抗肿瘤药行业发展，因地制宜发布了相关政策，表 2-3 是天津市对于抗肿瘤行业的相关政策。

表 2-3　天津市抗肿瘤行业的相关政策 ❶

序号	发布时间	政策名称	重点内容
1	2021 年 8 月	《天津市科技创新"十四五"规划》	加强针对恶性肿瘤，重大慢性疾病，新冠肺炎等急性传染病防治药物，新型疫苗的新靶点发现及验证，药物精准设计，以及肿瘤免疫疗法、核酸药物，抗体药物等创新药物前沿关键技术的研究，开展特异性诊断试剂，治疗性疫苗的研制开发
2	2021 年 7 月	《天津市制造业高质量发展"十四五"规划》	支持企业进行二次仿制创新，开发治疗恶性肿瘤，心脑血管等重大常见多发疾病的新药，重大仿制药以及大品种化学合成创新药物等。推进肿瘤、艾滋病、新冠等新型疫苗研发生产，加快建设高标准综合性人用疫苗产业化基地。开发培育 T 细胞器官再生药物等新型单抗类药物，开展高端仿制药，首仿药等引进生产，提升基因与再生医学仿制药质量水平。加快建设国家合成生物技术创新中心，天津国际生物医药联合研究院二期等产业创新平台，提升原创药开发能力

2.1.3.3　天津医科大学抗肿瘤药物方面的最新研究情况

2023 年 7 月，天津医科大学研究团队在国际著名期刊 *Signal Transduction and Targeted Therapy* 发表了题为 BICC1 *drives pancreatic cancer progression by inducing* VEGF-*independent angiogenesis* 的研究论文，该研究证实 BICC1 在胰腺癌非 VEGF 依赖性血管生成过程中起着关键作用，导致了胰腺癌对 VEGF 抑制剂的耐药。BICC1/LCN2 信号通路有望成为胰腺癌抗血管生成治疗的新靶点。

---

❶ 天津市工业和信息化局. 天津市生物医药产业发展"十四五"专项规划[EB/OL].[2021-11-12].https://www.cells88.com/zixun/hydt/6956.html.

2023 年 8 月，天津医科大学陶振及华中科技大学谌科共同在 *Cell Reports Medicine* 在线发表题为 *CD39 inhibition and VISTA blockade may overcome radiotherapy resistance by targeting exhausted* CD8+T *cells and immunosuppressive myeloid cells* 的研究论文，该研究表明了 CD39 抑制和 VISTA 阻断可通过靶向耗尽的 CD8+ T 细胞和免疫抑制性骨髓细胞克服放疗抵抗。

2023 年 3 月，天津医科大学药学院孔德新教授课题组在 *Signal Transduct Target Ther*（IF=38.104）发表题为 *Stellettin B renders glioblastoma vulnerable to poly*（ADP-ribose）*polymerase inhibitors via suppressing homology-directed repair* 的文章，报道了基于蛋白质组学发现海洋来源 Stellettin B（STELB）通过靶向 DNA 双链损伤修复过程中的同源重组修复（homology directed repair，HDR）增强 PARP 抑制剂（PARPi）对胶质母细胞瘤（GBM）的治疗效果。该项目的实施所采用的筛选策略为 GBM 候选药物的临床前研究提供了宝贵的实践经验。在未来的研究中，将对 STELB 的作用靶点进行深入探讨，以期为临床试验评估提供更多的信息。上述研究得到国家自然科学基金国际合作研究项目、面上项目、青年项目、中国博士后基金会博士后面上项目以及天津市新药创制科技重大专项等基金的支持。

2023 年 9 月，天津医科大学与北京大学等机构在国际权威期刊 *Cell Death Discovery* 上发表了题为 *In vitro CRISPR screening uncovers CRTC3 as a regulator of* IFN-γ-*induced ferroptosis of hepatocellular carcinoma* 的论文，在该研究中，研究人员发现 CRTC3 参与了 PUFAs 代谢和铁死亡的调控。靶向 CRTC3 信号通路联合铁死亡诱导剂为肝细胞癌治疗和克服耐药提供了一种可行的方法。

2.2　抗肿瘤器械产业现状

抗肿瘤医疗器械是指在医疗工作中直接或间接用于诊断、监测以及治疗的仪器，主要通过物理方式对人体体表及体内产生作用。其中，肿瘤诊断器械以及肿瘤监测器械通常会与非肿瘤领域的诊断及监测器械通用。例如，肿瘤诊断器械中的影像诊断器械、实验室诊断器械以及肿瘤监测器械中的电生理监测器械及病情监测器械等，本书不再作深入梳理。本部分以专用于肿瘤治疗领域的代表性器械——肿瘤放射治疗器械为主进行介绍。

2.2.1　全球抗肿瘤器械产业现状

2.2.1.1　抗肿瘤器械产业发展历程

放射治疗是对肿瘤区域照射高剂量且均匀的射线来破坏癌细胞的 DNA，使其失去分裂与复制能力，达到缩小、消除肿瘤组织的目的。这些射线可以是放射性核素产生的 α、β、γ 射线，X 射线治疗机和各类加速器产生的不同能量的 X 射线，也可以是各类加速器产生的电子束、质子束、负 π 介子束以及其他重粒子束等。

（1）发展阶段。放疗设备是放射治疗的主要工具。1895 年伦琴发现了 X 射线，从此开创了放射线在医学领域中应用的历史。经过 100 多年的发展，放疗设备与放疗技术不推陈出新、更新换代，发展至今已进入现代化放疗设备时代。放射治疗主要分为以下几个阶段。

① 萌芽期：1895—1922 年。1895 年伦琴发现了 X 射线，1896 年居里夫妇成功分离并首次提出"放射性"的概念。1897 年 X 射线首次应用于临床，治疗了第 1 例晚期乳腺癌。1903 年亚历山大·格雷厄姆·贝尔（Alexandr Graham Bell）建议物理学家将细小的颗粒密封入细玻璃管内，然后放置在肿瘤旁进行治疗，从此诞生了近距离腔内放射治疗技术。宫颈癌是首先应用这一技术进行治疗的疾病，这一技术至今仍在临床使用。1913 年研制成功了 X 射线管，可控制射线的质和量。1922 年美国库利多（Coulido）发明了首台 200kV 级深部 X 射线治疗机。

阶段特征：此时处于行业的萌芽阶段，直至 1922 年首台放射治疗设备诞生。

② 高速发展期：1922—1980 年。1951 年第一台钴 60 远距离治疗机在加拿大问世，从此开始了现代外照射治疗，开创了高能 X 射线治疗深部恶性肿瘤的新时代。1959 年日本高林（Takarashi）首先提出了原体照射概念，开创多叶准直器实现适形放射治疗的技术，即 3D-CRT。1968 年美国成功制造驻波型电子直线加速器，从此放射治疗进入超高压射线治疗的新阶段。1977 年，美国 Biagard 等提出调强适形放射治疗的概念，MRT 不仅要求照射物的形状与病变完全一致，还要求病变内各点的剂量分布均匀，是在 3D-CRT 基础上的又一发展。

阶段特征：这个阶段放射治疗设备开始全方位发展，CT 开始应用于临床放射治疗，与治疗计划系统相连接，共同构成了一个快速精确的放射治疗计划与优化系统，放射治疗进入了一个崭新的历史时期。

③ 成熟期：1980 年至今。1986 年，科学家研制出微型多功能后装机，它是一台由计算机控制的高剂量率后装机。进入 21 世纪，又开发了三维治疗计划系统。2000 年以后，图像引导放射治疗作为一种四维的放射治疗技术逐渐被人们所认识。2008 年后，在 IGRT 的基础上又研发出了快速回转调强放射治疗技术（Rapid-Arc）、容积弧形调强放射治疗技术。近年来又出现了剂量引导放射治疗的概念，靶区从以往的解剖学概念上升为生物靶区（BTV）这一生物学概念，更加关注肿瘤的生物学效应。

阶段特征：此阶段的放射治疗设备及技术逐渐趋于成熟，并且未来发展趋势将转向生物靶区。

（2）主要放疗设备介绍。放射治疗技术已经形成了一个庞大的家族，以下内容将针对该家族主要成员，包括常规放疗、三维适形放疗（3D-CRT）、调强适形放疗（IMRT）、容积强调放疗（VMAT）、螺旋断层放疗（TOMO）、图像引导放疗（IGRT）、自适应放疗（ART）、立体定向放疗（SBRT）、剂量引导放疗（DGRT）、质子 / 重离子放疗以及近距离放疗等进行简单介绍。

① 常规放疗：普放。常规放疗也称作二维放疗、普放。工作方式比较简单：医生在患者体表标记照射范围，在治疗摆位时，将光野（照射野）对准患者体表标记的照射野，同时对准源皮距（放射源到皮肤表面的距离），接下来出射线治疗肿瘤。在常规放疗时代，主要的放疗设备有 kV（千伏）级治疗机、钴 -60 治疗机及刚起步的电子直线加速器。

② 三维适形放疗：3D-CRT。随后人们探索了一个新的思路，将照射野的形状与肿瘤沿该照射野方向的投影形状保持一致，这样可以减少正常组织的损伤，于是就有了三维适形放疗，英文名为 3D-CRT，这是放疗技术的一大进步。

在三维适形放疗技术时代，电子直线加速器成了外照射的主力设备。为了形成不规则形状的照射野，可以通过铅挡块或者 MLC（多叶准直器）来实现。

③ 强调适形放疗：IMRT。在应用三维适形放疗技术时，人们发现肿瘤的剂量分布很不均匀，也就是有的地方剂量高，有的地方剂量低，对于剂量低的肿瘤存在复发风险。如果想要剂量平均，那就需要把薄的地方射线强度小一点，厚的地方射线强度高一点，也就是需要对射野内的强度分布进行调整。于是就有了调强适形放疗，简称调强放疗，英文名为 IMRT，最终 MLC（多叶准直器）成了调强的主力。

④ 容积强调放疗：VMAT。容积调强放射治疗（VMAT）不同于调强放疗（IMRT）等现有技术，它提供的是整个靶区的剂量而不是分层剂量，治疗计划算法保证了治疗准确度，尽可能减少了周围正常组织和器官的照射剂量。可以进行该治疗的代表机型包括 Varian 公司的 RapidArc（锐速刀、锐普达）和

Elekta 公司的 VMAT。

⑤ 螺旋断层放疗：TOMO。螺旋断层放射治疗系统集调强适形放疗 IMRT、图像引导调强适形放疗 IGRT、剂量引导调强适形放疗 DGRT 于一体，在 CT 校准和引导下，进行 360°聚焦断层照射肿瘤，TOMO 实现了肿瘤的自适应放疗，对恶性肿瘤进行高效精确的治疗。在每次治疗前都会和历史影像进行对比，根据患者肿瘤部位每日的变化动态实时地调整照射范围和角度、剂量。

对于存在多发转移情况的患者，如果通过 TOMO 放射治疗可以对所有发现的病灶部位同时进行放射治疗，而且能保证不同的部位给予不同的放射剂量，治疗效果更好，时间更短。

⑥ 图像引导放疗：IGRT。图像引导放疗，英文名是 IGRT，可以更加确保位置的准确，还可以与计划的位置做比较。

IGRT 就是影像技术与放疗技术的融合，在影像技术中，有 X 射线平片、DR、CT、MRI、PET-CT 以及超声等。受影像技术的启发，IGRT 的主要成员有 EPID（电子射野影像系统）、CBCT（锥形束 CT）、CT 引导的放疗系统、MRI 引导的放疗系统、PET-CT 引导的放疗系统、超声引导的放疗系统及光学体表监测系统等。

⑦ 自适应放疗：ART。自适应放疗（Adaptive Radiation Therapy，ART）是图像引导放疗（Image Guided Radiation Therapy，IGRT）发展延伸出的一种新型放疗技术。可以通过照射方式的改变实现对患者组织解剖或肿瘤变化的调整，主要目的是提高肿瘤放疗的精准性。

⑧ 立体定向放疗：SBRT。立体定向放射治疗是近年来放疗所取得的一个突破性进展，它可以从各个方向聚焦到一点，把针对肿瘤的剂量做得非常高，而对周围正常组织做得又非常低，也就是肿瘤外的剂量跌落非常陡峭，像刀一样锋利，因此有了一个形象的名字——刀，比如伽马刀（γ刀）、射波刀（Cyber Knife）、X 刀等。

⑨ 剂量引导放疗：DGRT。剂量引导放疗（Dose Guided RadioTherapy，DGRT），顾名思义，就是在剂量的引导下进行放疗，最终目的是确保靶区接受的剂量没有问题。

DGRT 比较典型的设备是 TOMO（螺旋断层放疗系统），在患者治疗过程中，治疗头对面的疝气探测器可以采集 MV 级透射射线的数据，利用剂量重建算法可以计算患者实际接受的剂量。

⑩ 质子 / 重离子放疗。质子 / 重离子的治疗技术是迄今最理想的放疗技术，我国也有相应的医院在开展这些技术。目前这种技术代表了放疗最顶尖的技术，与传统的射线不同，它的离子线可以形成能量布拉格（Bragg）峰，对肿

瘤细胞进行治疗的同时，能够减少对正常组织的损伤。

可用于对低 LET 射线抗拒的难治性肿瘤，如腺样囊性癌、复发鼻咽癌、颅底的脊索瘤和软骨肉瘤、儿童肿瘤、神经肿瘤、肝癌、不能手术的直肠癌、骨肉瘤、前列腺癌、甲状腺癌、骨盆的脊索瘤和软骨肉瘤，但治疗费用昂贵，只有少数城市纳入医保。

⑪ 近距离放疗。近距离放疗是将放射源放置于需要治疗的部位内部或附近。近距离放射治疗被广泛应用于宫颈癌、前列腺癌、乳腺癌和皮肤癌，也同样适用于许多其他部位的肿瘤治疗。

近距离放疗最大的特点是：照射只影响到放射源周围十分有限的区域。因而，可减小距离放射源较远的正常组织受到的照射量。在治疗过程中，如果患者或体内的肿瘤发生移动，放射源还能保持相对于肿瘤的正确位置。也就是肿瘤可以接受局部高剂量治疗，同时周围的健康组织所获得的不必要的损伤也大大降低。同其他放射治疗技术相比，近距离治疗的疗程更短，有助于降低在每次治疗间隙存活癌细胞分裂与生长的概率。

2.2.1.2　抗肿瘤器械产业规模及行业格局

（1）总体市场增速明显。根据市场研究报告，2022 年全球放射治疗设备市场规模达到 65 亿美元。放射治疗市场规模预计将从 2022 年的 65 亿美元增至 2032 年的 326 亿美元左右，2023—2032 年的预测期间复合年均增长率为 5.90%（图 2-4）。

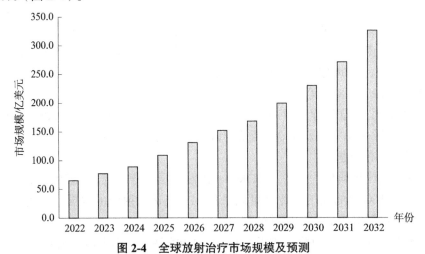

图 2-4　全球放射治疗市场规模及预测

资料来源：产研研究网.《中国放射治疗设备行业调研与发展前景分析报告》[EB/OL].
[2023-09-22]. https://www.cir.cn/5/92/FangSheZhiLiaoSheBeiHangYeQianJingFenXi.html.

　　放射治疗市场分为多个地区，包括北美、欧洲、亚太地区、拉丁美洲、中东和非洲。由于先进的医疗基础设施和对癌症治疗方案的高度认识，北美和欧洲目前主导全球市场，然而，由于中国和印度等国家医疗支出的增加和癌症患病率的上升，预计亚太地区未来几年将出现显著增长。

　　发展中国家对放射治疗服务的需求正在显著增长。有几个因素促成了这一趋势。首先，这些地区癌症患病率的上升是一个关键驱动因素。人口增长、人口老龄化、生活方式的改变和环境因素等导致癌症负担不断增加。因此，对放射疗法等有效的癌症治疗方案的需求日益增长，此外，发展中国家正在投资改善其医疗基础设施。各国政府和医疗保健组织正致力于扩大获得优质癌症护理服务（包括放射治疗设施）的机会。这包括建立新的癌症中心、升级现有设施以及培训医疗保健专业人员放射治疗技术；发展中国家放射治疗设备和技术的可负担性和可用性的不断提高也促进了需求的增长。技术的进步促进了更紧凑、更具有成本效益的放射治疗设备的开发，使资源有限的医疗机构更容易使用这些设备；此外，发展中国家对放射治疗的益处及其在癌症治疗中的作用的认识正在普及。政府组织、非营利实体和医疗保健提供者努力教育公众有关癌症预防、早期检测和治疗方案的知识，导致对放射治疗服务的需求增加。

　　（2）外束放射治疗类型占据主要市场份额。如图 2-5 所示，外束放射治疗类型市场份额为 78.1%，而内束放射治类型仅为 21.9%。高能放射线在外部使用，剂量沉积在肿瘤上以破坏癌细胞，在治疗过程中要小心避开任何正常组织。根据患者的治疗使用光子、质子或电子。体外放射治疗具有更好的精准度来靶向肿瘤，破坏异常细胞，减轻疼痛，是患者的最佳治疗选择。因此，肿瘤学家越来越多地采用外束放射疗法。

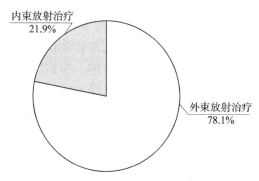

图 2-5　内束放射治疗与外束放射治疗市场份额

资料来源：产业研究报告.《放疗设备市场研究与发展前景预测报告》[EB/OL].[2023-08-01]. http://www.chinairr.org/report/R10/R1001/202308/01-539879.html.

（3）乳腺癌细分市场将拥有最大的市场份额（图2-6）。放射治疗市场分为前列腺癌、乳腺癌、肺癌、头颈癌、结直肠癌、宫颈癌、其他妇科癌症等。乳腺癌细分市场将拥有最大的市场份额。根据国际公共卫生机构世界卫生组织的数据，2020年乳腺癌的发病率最高，全球每100 000人中有47.8例。由于衰老、肥胖和暴露于辐射环境中，乳腺癌病例正在增加。乳腺癌病例数量的增长增加了对放射治疗设备的需求。

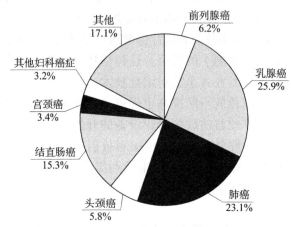

图2-6 2021年全球放射治疗市场份额（按应用）

资料来源：EXACTITUDECONSULTANCY.《全球放射治疗市场研究报告》[EB/OL].
[2022-05-15]. https://exactitudeconsultancy.com/zhCN/%E6%8A%A5%E5%91%8A/7059/%E6%
94%BE%E5%B0%84%E6%B2%BB%E7%96%97%E5%B8%82%E5%9C%BA/#report-details.

（4）北美地区市场依旧占据主导市场份额。由于老龄化、肥胖和辐射暴露，乳腺癌患病率不断上升，特别是在北美或欧洲的发达国家，势必将推动细分市场的增长。根据现有数据，2021年美国诊断出约330 840例乳腺癌新病例。这一因素预计将增加放射治疗的需求，从而推动放射肿瘤学市场在预测期内的增长。

亚太地区市场预计将占据重要市场份额。根据国际公共卫生机构世界卫生组织提供的数据，2020年，亚洲地区癌症病例占全球癌症病例总数的49.3%。在亚洲有360万名男性患有肺癌，其次是胃癌、肝癌、结直肠癌和食管癌。400万名女性患有乳腺癌，其次是肺癌、宫颈癌、结直肠癌和胃癌。亚洲国家实施放射肿瘤治疗已大大降低了死亡率。与其他地区相比，亚洲的癌症发病率较低，但由于世界上60%以上的人口居住在亚洲，因此与其他地区相比，癌症病例数较多。2021—2030年全球所需放疗设备数量如图2-7所示。

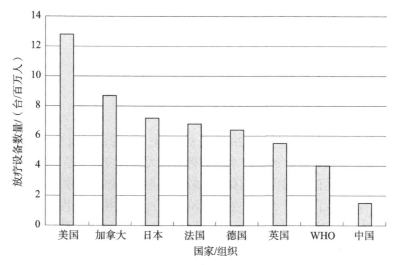

图 2-7　2021—2030 年全球所需放疗设备数量统计

资料来源：EXACTITUDECONSULTANCY.《全球放射治疗市场研究报告》[EB/OL].
[2022-05-15]. https://exactitudeconsultancy.com/zhCN/%E6%8A%A5%E5%91%8A/7059/%E6%
94%BE%E5%B0%84%E6%B2%BB%E7%96%97%E5%B8%82%E5%9C%BA/#report-details.

（5）行业格局。主要市场参与者采用的关键策略是放射肿瘤学的产品开
发和增强，如三维适形放射治疗、调强适形放射治疗（IMRT）、图像引导放射
治疗（IGRT）、螺旋断层放射治疗、和立体定向放射治疗。瓦里安是美国领先
的放射肿瘤设备制造商，已获得 Flash 技术 FAST-02 临床试验的研究设备豁免
（IDE），该技术将提供比传统放射治疗剂量高的辐射。

全球放射治疗市场的主导企业包括 Siemens Healthineers AG（德国）、
Elekta（瑞典）、Accuray Incorporated（美国）、IBA（比利时）、ViewRay
Technologies，Inc.（美国）、Hitachi Ltd.（日本）、iCAD，Inc.（美国）、
IsRay，Inc.（美国）、Mevion Medical Systems，Inc.（美国）、Panacea
Medical Technologies Pt Ltd.（印度）、P-cure Ltd.（以色列）以及 ZEISS
Group（德国）等。

2021 年，西门子医疗在 2021 年 4 月成功收购瓦里安医疗系统公司（Varian
Medical Systems）后，成为全球市场的领先者。该公司在全球放射治疗市场占
有率最高，主要得益于瓦里安医疗系统公司广泛的产品组合以及两家公司的销
售和分销能力。该公司专注于有机和无机增长战略，以扩大其在全球市场的
影响力。在 2019—2021 年这三年中，西门子医疗旗下的瓦里安医疗系统公司
推出了多种产品（包括 ProBeam 质子治疗系统、多室配置的 ProBeam 360 和

Halcyon 系统）并获得监管部门批准。该公司已与多家合作伙伴签订协议。

2.2.2 中国抗肿瘤器械产业现状

2.2.2.1 中国抗肿瘤器械产业基本情况

中国的放疗技术发展始于 20 世纪 80 年代，随着国内医疗理论、影像技术、计算机技术的发展，放疗技术也取得了巨大的进步。但是，我国的放射治疗技术与国外发达国家相比仍然有着比较大的差距，如在放疗设备、技术、医疗人员等方面，我国还处于相对落后的阶段。目前国内的放疗技术已经从二维治疗转化为三维、四维放射治疗，剂量分配也由点剂量分配转到体积剂量分配。现在主流的放射治疗技术为立体定向放射治疗，包括三维适形放射治疗、三维调强放疗和立体定向放射治疗，以及 γ 刀和射波刀等。

2.2.2.2 中国抗肿瘤器械产业规模及行业格局

（1）中国放疗设备市场规模增速高于全球。

中国放疗设备市场规模从 2015 年的 28.2 亿元人民币增长至 2019 年的 38.1 亿元，2020 年受疫情影响降低为 29.0 亿元，2015—2020 年复合年均增长率 0.6%；预计到 2030 年，中国放疗设备市场规模将达到 63.3 亿元，2020—2030 年复合年均增长率为 8.12%。头部放疗设备企业在中国市场的份额如图 2-8 所示。

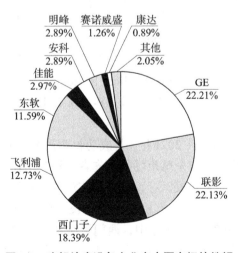

图 2-8 头部放疗设备企业在中国市场的份额

中国放疗设备行业快速增长的原因：①中国癌症新发病例逐年上升，放疗为癌症最重要的治疗方法之一。癌症是致死率极高的疾病，中国癌症新发病例逐年上升，2020 年中国癌症新发病数达到 457 万人，手术、化疗和放疗是癌症的主要治疗方法，其中放疗占所有疗法的 12%。②放疗是肿瘤治疗中综合成本相对较低的方式，具有较大上升空间。约 70% 的癌症患者在治疗程中需要放射治疗，约 40% 的癌症可以用放疗根治。癌症治疗手术费用约为放疗的 2 倍，在多种治疗方案中，放疗综合成本相对较低，而中国放疗资源比较短缺，放疗普及率低，每百万人口放疗设备数量低于世界卫生组织标准，放疗设备市场有较大上升空间。

（2）放疗设备主要以国外为主，国产设备相对比较少。在人口老龄化加剧等影响下，我国的癌症患者不断增加，近些年放疗设备的市场规模逐渐增长，放疗设备市场前景持续向好。

随着我国人均预期寿命的增长，人口老龄化的加速，工作生活压力的增加，生活习惯的改变，癌症患者的年轻化，中国的癌症患病率持续上升，患者数量大幅增长，对放疗与化疗的需求持续增长，推动了接受放疗治疗的患者增长。据统计，2014 年我国接受放疗治疗的患者为 82.22 万人，2020 年增至 147.53 万人，未来放疗仍有较大的增长空间。

从国内高能放疗设备市场竞争格局来看，国内市场基本被瓦里安（2021年被西门子收购）和医科达垄断，国产新华医疗占据约 2% 的市场份额（按新增台数口径）。从低能放疗设备市场竞争格局来看，行业集中度高。据统计，2020 年 CR5 为 98.6%，其中新华医疗市场占比 36.8%，排名第一。

我国放疗设备市场规模呈现波动增长趋势，自 2017 年的 34 亿元增长到 2019 年的 40 亿元，但受到疫情影响，在 2020 年我国放疗设备市场规模大幅下降，仅有 30 亿元，但在 2021 年略有回升，增长到 36 亿元左右。放疗设备配置增长将持续拉动放疗行业发展，进而带动放疗定位产品需求攀升。

放疗设备市场分析指出，对于放疗设备来讲，国产化率低，一体化直线加速器是发展方向。放射治疗设备是目前肿瘤治疗中的一种重要治疗工具，其中包括医用直线加速器、伽马刀、射波刀、螺旋断层放疗系统、质子重离子设备等，其中国内外采用较多的是医用直线加速器。

放疗设备市场分析提到，一体化直线加速器能够将 CT 与医用直线加速器相结合，实现治疗精准规划，可优化放疗流程，大幅提升放疗效率，实现精准放疗，是未来主要发展的方向。

近几年，在大健康背景下，我国对于大型医疗设备配置政策逐步放宽，伽马刀、直线加速器等放射治疗设备配置数量上调，有利于带动放疗设备需求的攀升，促进放疗定位行业快速发展。在市场竞争方面，放疗定位市场高度集中，竞争格局较为稳定，CIVCO、科莱瑞迪、Qfix、Elekta 等几家企业占据主要市场。在国内放疗定位市场，科莱瑞迪市场占比高达 60%，其次是人福医疗，占比为 13% 左右。

综上看来，我国的放疗设备市场保持稳定增长，并且市场需求还在不断增长，行业集中度高，竞争格局也相对稳定。

（2）国内企业竞争格局。从国内高能放疗设备市场竞争格局来看，市场基本由瓦里安（2021 年被西门子收购）和医科达垄断，但近年来国内企业也开始逐渐发力。行业竞争格局选取营业收入和净资产收益率（ROE）作为衡量的标准，其营业收入衡量企业的盈利能力，ROE 作为企业的投资发展潜力，衡量企业的资本结构和经营能力。其中迈瑞医疗位于第一梯队，远超其他企业。其营业收入和 ROE 这两个指标都居于首位。第二梯队的企业包括上海联影医疗、新华医疗与乐普医疗，其中乐普医疗的比较优势在于营业收入，上海联影医疗的比较优势在于 ROE，上海联影医疗作为新上市的公司，备受市场关注。成长性企业主要包括万东医疗、东软医疗、开立生物、盈康生命、理邦仪器、康众医疗、和佳医疗及辰光医疗。其中新华医疗、东软医疗、盈康生命及开立医疗在放射治疗设备行业中较为突出。中国的市场参与者主要分为进口厂商和中国本土企业。国际高端品牌，代表企业有瓦里安和医科达，两者市场份额超过 80%，其中瓦里安市场份额超过 50%，处于绝对垄断地位。同时，这类企业作为放疗设备研发、生产领头者，指引行业发展方向，推动产品升级。在中国本土企业中，新华医疗是中国早期放疗设备生产企业代表，其通过构建设备研发生产基地、医疗服务机构、医疗商贸平台，实现肿瘤治疗的全产业链发展。此外，新华医疗通过收购西门子放疗事业部，逐渐缩小与外资企业之间的差距。

2.2.2.3 中国抗肿瘤器械产业政策

近年来，为了促进放疗设备行业发展，中国颁布了多项关于支持、鼓励、规范放疗设备行业的相关政策，如《中华人民共和国国民经济和社会发展第十四个五年规划和 2035 年远景目标纲要》提出深入推动医疗设备和医药创新发展，持续扩大优质消费品、中高端产品供给和教育、医疗、养老等服务供给，增加农村医疗服务的供给；加快临床急需和罕见病治疗药品、医疗器械审评审批，促进临床急需境外已上市新药和医疗器械尽快在境内上市。近年发布的放疗设备重点政策见表 2-4。

表 2-4 行业主要政策文件

发布时间	发布机构	政策名称	主要相关内容
2023 年 3 月	国家卫生健康委员会	大型医用设备配置许可管理目录（2023 年）	与 2018 年版目录相比，管理品目由 10 个调整为 6 个，其中，甲类由 4 个调减为 2 个，乙类由 6 个调减为 4 个。医疗机构配置大型医用设备的难度进一步降低。未来基层医疗机构在购置相应医用设备时可免于繁复的审批程序，大型医用设备的需求将进一步释放
2022 年 5 月	国务院办公厅	国务院办公厅关于推动外贸保稳提质的意见	支持企业在综合保税区内开展"两头在外"保税维修，逐步将大型医疗设备、智能机器人等高附加值、低污染物排放产品纳入维修产品目录
2021 年 6 月	国务院	医疗器械监督管理条例（2021 年修订）（国务院令第 739 号）	主要规定了在中华人民共和国境内从事医疗器械的研制、生产、经营、使用活动及其监督管理须遵守的规则
2021 年 3 月	全国人大	国民经济和社会发展第十四个五年规划和 2035 年远景目标纲要	深入推动医疗设备和医药创新发展，持续扩大优质消费品、中高端产品供给和教育、医疗、养老等服务供给，增加农村医疗服务的供给；加快临床急需和罕见病治疗药品、医疗器械审评审批，促进临床急需境外已上市新药和医疗器械尽快在境内上市
2020 年 7 月	国家卫生健康委	关于调整 2018—2020 年大型医用设备配置规划的通知	进一步推进大型医用设备科学合理配置，保障人民群众医疗服务需求，国家卫生健康委将全国 2018—2020 年总体规划中，伽马刀由新增 146 台调整至新增 188 台；直线加速器由新增 1 208 台调整至新增 1 451 台
2019 年 11 月	国家发改委	产业结构调整指导目录（2019 年本）	鼓励发展新型医用诊断设备和试剂、数字化医学影像设备，人工智能辅助医疗设备，高端放射治疗设备、电子内窥镜、手术机器人等高端外科设备

续表

发布时间	发布机构	政策名称	主要相关内容
2019 年 11 月	国务院	关于在自由贸易试验区开展"证照分离"改革全覆盖试点的通知	社会办医疗机构乙类大型医用设备配置许可，改审批为备案
2018 年 10 月	国家卫生健康委员会	关于发布 2018—2020 年大型医用设备配置规划的通知	截至 2020 年底，伽马刀设备全国规划配置 254 台，其中新增 146 台。直线加速器全国规划配置 3 162 台，其中新增 1 208 台
2018 年 4 月	国家卫生健康委员会	大型医用设备配置许可管理目录（2018 年）	伽马刀等大型医用设备配置许可由甲类调为乙类 PET-CT、伽马刀等将不再由国家卫生健康委审批，改为由省级卫生健康委进行配置审批
2017 年 12 月	国家发展改革委员会	《增强制造业核心竞争力三年行动计划（2018—2020 年）》重点领域关键技术产业化实施方案	高端医疗器械和药品作为九大重点领域之一，明确围绕健康中国建设要求和医疗器械技术发展方向，聚焦使用量大、应用面广、技术含量高的高端医疗器械，鼓励掌握核心技术的创新产品产业化，推动科技成果转化，填补国内空白，推动一批重点医疗器械升级换代和质量性能提升，提高产品稳定性和可靠性，发挥大型企业的引领带动作用，培育国产知名品牌
2017 年 5 月	科技部	"十三五"医疗器械科技创新专项规划	提出以国产化、高端化、品牌化、国际化为方向，以临床及健康需求为导向，以核心技术突破为驱动，以重大产品研发为重点，以示范推广为牵引，创新链、产业链和服务链融合发展，加强医研企结合，着力提高国产医疗器械的核心竞争力，推动医疗器械科技产业的跨越式发展

续表

发布时间	发布机构	政策名称	主要相关内容
2017 年 1 月	国务院	"十三五"卫生与健康规划	提出组织实施"精准医学研究"等一批国家重点研发计划,加快诊疗新技术、药品和医疗器械的研发和产业化,显著提高重大疾病防治和健康产业发展的科技支撑能力
2016 年 11 月	国务院	"十三五"国家战略性新兴产业发展规划	发展高品质医学影像设备、先进放射治疗设备、高通量低成本基因测序仪、基因编辑设备、康复类医疗器械等医学装备,大幅提升医疗设备稳定性、可靠性

2.2.3　天津市抗肿瘤器械产业现状

2.2.3.1　天津抗肿瘤器械产业发展基本情况

天津的放射治疗技术与发达国家相比差距较大,绝大多数高端抗肿瘤器械是从海外采购的。但近几年天津也开始在肿瘤器械领域发力,中核集团旗下子公司中国同辐与全球放疗设备巨头之一的美国安科锐公司成立的合资公司中核安科锐于 2019 年在天津市东丽开发区设立,首次推出突破性的 CT-TOMO 技术,将诊断级螺旋 CT 影像技术与螺旋断层 TOMO 放疗系统契合于同一环形机架体系中,此项技术有望进一步提升放疗精度,致力于提供肿瘤精准放射治疗、科技研发、生产及服务的系统解决方案。未来该设备将在中核安科锐位于天津的工厂进行生产,天津工厂也是安科锐公司在美国以外的首个生产基地。作为中国高端放疗行业首家合资公司,中核安科锐自成立以来,致力于打造适应中国国情与需求的本土化放疗整体解决方案,将领先放疗技术引入中国,弥补国产高端产品的市场空缺,同时扩大放疗尤其是高端放疗产品和解决方案的可及性。凭借射波刀和螺旋断层放疗系统两张王牌,在高端放疗领域占据举足轻重的地位。"十三五"期间,高端放疗设备共获得许可 118 台,中核安科锐旗下上述两款产品累计获得配置证 100 张,约占 85%。

2.2.3.2　天津抗肿瘤器械产业政策

天津市在抗肿瘤器械方面主要的产业政策见表 2-5。

表 2-5　天津市抗肿瘤器械主要产业政策

发布时间	发布机构	政策名称	主要相关内容
2022 年 5 月	天津市卫生健康委	天津市肿瘤诊疗质量提升行动实施方案	从 2022 年起至 2024 年，天津市将利用 3 年时间持续开展肿瘤诊疗质量提升行动，从七方面提升全市肿瘤诊疗质量和诊疗规范化水平，加强相关专科和人才队伍建设，优化诊疗模式，提高科学决策水平
2021 年 8 月	天津市人民政府办公厅	天津市人民政府办公厅关于印发天津市科技创新"十四五"规划的通知	围绕临床需求，着力发展移动式医学影像设备、智能感知交互手术机器人、人工智能医学辅助诊断等高端医学设备关键技术和产品
2022 年 3 月	天津市人民政府	天津市人民政府关于印发天津市妇女和儿童发展"十四五"规划的通知	强化儿童疾病防治。完善儿童血液病、恶性肿瘤等重病诊疗体系、药品供应和综合保障制度
2021 年 4 月	天津市人民政府	天津市人民政府关于同意设立中日（天津）健康产业发展合作示范区的批复	围绕示范区功能定位和产业布局，持续推动实施中国医学科学院血液病医院（团泊院区）及附属区项目、血液检测中心项目、肿瘤质子治疗国际医学中心等项目，鼓励开展基因测序、细胞治疗、个性化治疗等精准医疗相关技术，突出示范区在血液病、肿瘤、老年疾病等专科医疗领域的服务特色
2018 年 10 月	天津市人民政府办公厅	天津市人民政府办公厅关于印发天津市深化医药卫生体制改革 2018 年下半年重点工作任务的通知	推动开展多学科诊疗。选择试点单位探索实行多学科诊疗服务模式，针对肿瘤、疑难复杂疾病、多系统多器官疾病等，为患者提供"一站式"诊疗服务

2.2.3.3　天津医科大学情况

（1）天津医科大学。天津医科大学的前身天津医学院创建于 1951 年，是新中国成立后由国家政务院批准建立的高等医学院校。著名内分泌学家、医学教育家朱宪彝教授为首任校长。1994 年 6 月天津医学院与天津第二医学院正式组建成立天津医科大学。1996 年 12 月成为天津市唯一的国家"211 工程"

重点建设市属院校，2015 年 10 月成为天津市人民政府、国家卫生健康委和教育部共建高校，2017 年 9 月入选国家"世界一流学科"建设高校，2022 年 2 月成为第二轮"双一流"建设高校。

天津医科大学积极投身于我国医学高等教育事业，是国家最早批准试办八年制的 2 所医学院校之一，也是首批试办七年制的 15 所院校之一。学校目前有气象台路与广东路 2 个校区和 7 所大学医院。现有本科专业 21 个，设有 19 个学院（系）和 1 个独立学院。全日制本科以上在校生 11 170 人，其中本科生 5 462 人，硕士生 3 886 人，博士生 1 069 人，学历留学生 753 人。

包含大学医院在内学校现有各类专业技术人员 8 669 人，其中正高级 797 人，副高级 1 608 人。拥有国家级人才 138 人次，其中，中国工程院院士 2 人、中国科学院院士 1 人、外籍院士 1 人；国家杰出青年科学基金获得者 14 人及优秀青年科学基金获得者 9 人；国家"万人计划"领军人才 8 人及青年拔尖人才 7 人，教育部长江学者 15 人，国家百千万人才工程人选 15 人；科技部"973"首席科学家 4 人；人社部有突出贡献专家 17 人；国家卫生健康委有突出贡献中青年专家 13 人，教育部"新世纪优秀人才支持计划"18 人。

现有国家级一流本科专业建设点 15 个，天津市一流本科专业建设点 2 个，国家级特色专业 5 个，国家级专业综合改革试点 1 个，国家级教学团队 2 个，天津市级教学团队 24 个，天津市级教学名师 34 人，5 个教学团队和 10 名教师获得天津市"在抗击疫情工作中课程思政优秀教学团队和优秀教师"称号；国家级精品课程 7 门，国家级精品资源共享课 5 门，国家级精品视频公开课 3 门，国家级双语示范课程 3 门，国家级一流本科课程 6 门，天津市级一流本科建设课程 38 门；天津市级课程思政示范课程（优秀团队、教学名师）10 项；获批首届全国教材建设奖 3 项，全国教材建设先进个人 1 名，天津市级课程思政优秀教材 6 部；国家级人才培养模式创新实验区 3 个，国家级实验教学示范中心 3 个，国家级大学生课外创新实践基地 2 个，国家临床教学培训示范中心 2 个，医学影像技术专业虚拟教研室入选教育部首批专业建设类虚拟教研室。2002 年和 2008 年，学校以优秀成绩通过教育部本科教学和七年制高等医学教育教学工作水平评估。2012 年、2013 年和 2014 年分别通过教育部护理学专业、口腔医学专业认证和临床医学专业认证。2017 年通过教育部本科教学工作审核评估。2009 年以来，学校获国家级教学成果一等奖 1 项、二等奖 3 项，市级教学成果特等奖 3 项，一等奖 14 项，二等奖 19 项。学校于 1997 年正式成立来华留学生教育管理部门国际医学院，留学生生源来自 105 个国家，留学生教育规模与质量居全国医学院校前列，现有国家级来华留学生英语授课品牌课程 8 门，天津市来华留学生英语授课品牌课程 25 门,"来华留学生临床医学专业全英文教学与质量保障体系的建立与实践"获国家级教学成果一等奖。2010 年教育部首个来华留学英语师资培训中心(医学)落户学校后,已为全国 54 所大学的 1 181 名教师提供培训。

天津医科大学现有一级学科博士学位授权点 10 个,博士专业学位授权点 2 个;一级学科硕士学位授权点 12 个,硕士专业学位授权点 6 个。博士后流动站 6 个。博士生导师 504 人,硕士生导师 1665 人。

天津医科大学现有国家重点学科 5 个,天津市重点学科 18 个;天津市顶尖学科 3 个,天津市高校服务产业特色学科(群)4 个;9 个学科领域进入全球基本科学指标数据库(ESI)学科排名前 1%,其中临床医学进入 ESI 全球排名前 1‰;省部级重点实验室 29 个,研究所 16 个,天津医学表观遗传学协同创新中心获批省部共建协同创新中心。现有科技部国际科技合作基地 1 个,天津市国际科技合作基地 13 个,科技部重点领域创新团队 1 个,教育部创新团队 2 个并获滚动支持。"十二五"以来,学校共承担省部级以上纵向项目 3023 项,经费超 15 亿元;获省部级及以上科技奖励 131 项,包括国家科学技术进步二等奖 1 项,教育部高等学校科学研究优秀成果奖 4 项,何梁何利奖 1 项,天津市科技重大成就奖 1 项,天津市国际科技合作奖 1 项,天津市科学技术进步特等奖 3 项、一等奖 22 项,天津市自然科学一等奖 1 项。2016 年学校获批科技部"创新人才培养示范基地"。

天津医科大学附属医院获批国家临床重点专科建设项目 17 项,国家区域医疗中心输出医院 1 个,国家国际科技合作基地 1 个,全国疑难病症诊治能力提升工程建设项目 1 个,国家级"科教兴国示范基地"1 个,全国改善医疗服务先进典型医院 3 个。5 所大学医院获批 13 个国家临床医学研究中心(天津市分中心),其中肿瘤医院是首批国家恶性肿瘤临床医学研究中心。

天津医科大学先后与 26 个国家和地区的 98 所大学和科研机构建立学术交流与合作关系,在医学和生物医药领域开展高水平国际合作,聘请 160 位世界知名医学专家、教授担任学校各学科的名誉教授和客座教授,成立了"外国专家顾问委员会",推动学校国际化发展。

天津医科大学以医学科学为核心,以生命科学为依托。学校坚持教育教学为立校之本、科学研究为强校之路,努力培养高素质医学人才,产出高水平医学研究成果,提供高质量医疗服务,培育并传承有特色的大学文化,为建设高水平研究型医科大学而不懈努力奋斗。

(2)天津医科大学肿瘤医院。天津市肿瘤医院(天津医科大学肿瘤医院)是我国肿瘤学科的发祥地,是集医、教、研、防、健为一体的大型三级甲等肿瘤专科医院、首批国家恶性肿瘤临床医学研究中心。

1861 年英军在天津建立军医院，为医院前身，后相继改建为英国伦敦会施医院、马大夫纪念医院。1951 年，更名为天津市立人民医院。1952 年金显宅教授在医院建立新中国第一个肿瘤科，后发展成为肿瘤专科医院。1986 年定名为天津市肿瘤医院，1987 年迁入现址，1997 年成为天津医科大学附属肿瘤医院。

目前医院占地面积 7.5 万平方米，建筑面积 25.1 万平方米。现有在册职工 3081 人，其中高级专业技术人才 375 人。拥有中国工程院院士 1 人，中国工程院外籍院士 1 人，国家级人才 23 人，省部级人才 108 人，南丁格尔奖获得者 1 人。博士生导师 59 人，硕士生导师 117 人。

医院设有 48 个临床医技科室、12 个基础研究科室，开放病床 2 000 余张。2020 年门诊量 123 万人次，住院 10 万人次，手术 3.4 万例，外埠患者比例近 50%。医院拥有胸外科、护理学、肿瘤学、病理学 4 个国家临床重点专科，以及天津市乳腺癌防治研究中心、天津市肺癌诊治中心、天津市医学影像中心、天津医科大学肿瘤病理会诊中心 4 个市级临床诊治研究中心。天津市肿瘤性疾病控制中心、病理质控中心、临床检验质控中心、门诊质量控制中心均挂靠在医院。2017 年获得国家发改委和国家卫计委全国疑难病症诊治能力提升工程建设项目。

医院是首批国家恶性肿瘤临床医学研究中心，肿瘤学科是国家重点学科，2017 年肿瘤医学学科群进入国家"双一流"学科建设行列。目前拥有 4 个省部级重点实验室，2 个教育部创新团队以及 1 个科技部重点领域创新团队、国家临床药物试验机构、国家卫健委临床药师培训试点基地。主办的《中国肿瘤临床》为国家一级核心刊物，英文期刊 *Cancer Medical&Biology* 被《科学引文索引》（SCI）收录，影响因子 5.432。2018—2020 年，累计承担省部级以上科研项目 179 项，其中国家级科研课题 121 项，共获得经费 9 881.4 万元，获得省部级以上科技奖励 14 项。

医院拥有博士、硕士学位授权点和博士后科研工作站，是天津医科大学肿瘤临床学院。受卫生部委托，1954 年以来相继创办全国肿瘤临床医师进修班和病理医师进修班，66 年来，全国肿瘤医师进修班共举办 52 届，病理医师进修班 37 届，为全国各地培养学员 5 400 余名。2005 年医院被批准为国家继续医学教育基地，成为培养肿瘤临床及基础研究高层次人才的重要基地。

医院注重国内外的交流与合作，先后与英、加、澳、法、德等近 30 个国家和地区医疗科研机构建立了密切合作关系。目前医院是 WHO 国际肿瘤登记报告协会（IACR）成员，WHO 肿瘤登记中心之一、国际抗癌联盟（UICC）

会员单位。

为扩大医院服务功能，提高医疗诊治水平，医院不断引进先进的肿瘤诊断治疗和检测设备，目前拥有 3 台达·芬奇手术机器人、10 台医用直线加速器、射波刀、PET-CT 等百万元以上医疗设备 182 台套，百万以上设备总值 9 亿元。

医院先后获得全国文明单位、全国医院文化建设先进单位、全国卫生行业先进集体、全国五四红旗团委等多项殊荣。在新的征程上，医院将坚持以习近平新时代中国特色社会主义思想为指导，加快临床研究型医院建设，为降低我国肿瘤发病率和死亡率，实现健康中国战略目标，承担更多责任，做出更大贡献。

第 3 章　抗肿瘤产业专利分析

本章通过对抗肿瘤产业全球、中国、天津市的专利分析，介绍抗肿瘤药物及抗肿瘤器械的技术发展趋势、全球专利分布情况、重点机构的研发能力，分析我国抗肿瘤药物及抗肿瘤器械领域的技术水平与其他国家或者地区的差异，为我国企业在抗肿瘤产业发展上提供一定帮助。

3.1　抗肿瘤药物产业专利分析

3.1.1　专利发展态势分析

3.1.1.1　全球及主要国家（top10）专利申请趋势分析

图 3-1、图 3-2 展示了与抗肿瘤药物相关的专利在全球以及主要国家（专利申请量居前 10 位的国家）的申请趋势。

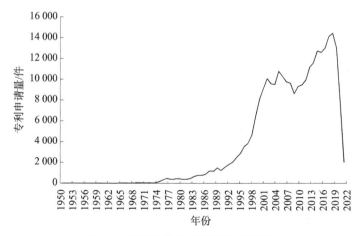

图 3-1　抗肿瘤药物全球专利申请趋势

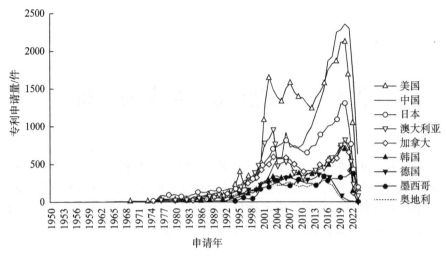

图 3-2　抗肿瘤药物主要国家专利申请趋势

全球抗肿瘤药物专利申请量大致经历了以下三个主要发展阶段。

（1）第一阶段（1974 年以前）。

早在 1914 年就出现了抗肿瘤药物相关的专利申请。随着化学工业的发展，Ehrlich 化学治疗概念的建立为抗肿瘤药物化学合成和进展奠定了基础。随着世界各国专利制度的完善，人们的专利保护意识加强，这一阶段全球范围内的专利申请数量稳步增长，其中，国外专利申请是这一时期抗肿瘤药物专利申请的主要来源。由于中国的专利制度起步较晚，《中华人民共和国专利法》于 1985 年才开始实施，这一阶段中国抗肿瘤药物领域专利申请数量相对较少。

（2）第二阶段（1974—2000 年）。

从 20 世纪 70 年代后期开始，抗肿瘤药物的研究呈现初步快速发展的趋势，专利年申请量开始呈上升趋势。由于全球大制药公司的兼并，制药巨头不断涌现，抗肿瘤药物的研发实力大大提升，各种新药用化合物的开发以及成熟药物的各种保护主体的布局成就了这一时期专利数量的增长。在 1992 年以前，抗肿瘤药物以非靶向药的研究为主；1992 年之后，靶向药的专利申请迅速增长，尤其是在 1997 年 FDA 批准了第一个靶向抗肿瘤药物——利妥昔单抗，开启了肿瘤治疗的新时代，在这期间，具有靶向性的第二代抗肿瘤药物的诞生推动了各大药企的研发重心向靶向药的转移，随着靶向小分子和大分子单抗类药物上市，靶向药物正在快速发展中。

（3）第三阶段（2000 年至今）。

2000 年后，全球在抗肿瘤药物领域的专利申请量整体呈现快速增长，处于技术快速发展阶段。一方面由于全球对抗肿瘤药物的研究热度有增不减，各个国家在该时期的专利申请量均处于快速发展阶段；另一方面，随着中国专利申请制度的发展以及中国申请人对专利的重视，中国对全球的专利申请量贡献了一定比例。随着各种靶点的发现和研究、靶向药的快速发展和应用，其专利申请量也呈现快速增长。在 2005—2017 年 FDA 批准的抗肿瘤药物中，靶向药物所占比例逐年升高，在 2015 年批准的 14 个抗肿瘤药物中，靶向药物达到 12 个，2016 年、2017 年批准的全部是靶向药物，而化疗药物的占比则呈现逐渐下降趋势。2001 年作为治疗慢性脊髓性白血病的靶向药物 BCR-ABL 激酶抑制剂伊马替尼被批准上市，不断推动着全球的研发重点转向靶向药，而随着各靶点的发现，以及新型抗肿瘤药物双抗类、ADC、免疫检查点抑制剂的出现，各个国家的专利申请量整体呈现增长趋势，基本在 2020 年达到了顶峰。

3.1.1.2　天津市专利申请趋势

图 3-3 展示了天津与抗肿瘤药物相关的专利的申请概况。

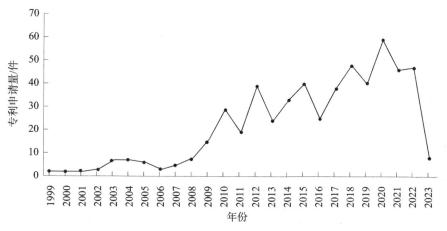

图 3-3　抗肿瘤药物天津专利申请趋势

从图 3-3 可以看出，天津市与抗肿瘤药物相关的专利整体也呈现上升的趋势，在 2020 年达到了顶峰，从 1999 年开始就具有抗肿瘤药物方面的专利申请，但是整体数量相对较少，也是由于目前药类企业在天津的数量较少，而且针对抗肿瘤药物的研发基本都是规模较大的企业在进行，因此天津市在抗肿瘤方面的专利申请布局还存在很大的空间。

3.1.2 专利区域布局分析

3.1.2.1 全球及主要国家专利申请情况分析

图3-4展示了抗肿瘤药物领域排名前十位的专利申请的目标国家、地区或组织。

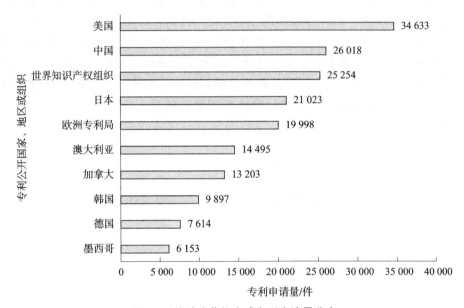

图 3-4 抗肿瘤药物全球专利申请量分布

专利输入地排名高低体现了专利申请人对该国家或地区的重视程度。一方面，可能在输入地存在专利申请人的竞争对手或潜在的竞争对手，在该地域输入专利申请是对地域内可能的竞争对手技术研发的限制和干扰；另一方面，专利输入地是该专利技术的重要市场或潜在重要市场，专利申请的进入可以为未来产品或服务的竞争力提供保障。从图3-4展示的抗肿瘤药物领域排名前十位的专利申请目标国家或地区看，美国作为全球经济最发达的国家，也必定是各大药企争相期望占领的市场，而中国仅次于美国，其中一个原因是中国目前相对于美国，还是以细胞毒类药物为主流，但是随着靶向药的快速发展，各药企提前在中国进行相关的专利申请，对目前以及未来的靶向药市场保护尤为重要，而且由于中国人口基数大，近年来新发癌症人数、癌症死亡人数均位居全球前列，中国对抗肿瘤药物的需求量迅猛增长，且随着中国医疗健康市场的逐步完善，中国对肿瘤疾病积极治疗越来越重视，中国逐渐成为全球抗肿瘤药物专利布局的主要市场。

3.1.2.2　中国国外来华（原申请人地址）及中国本土专利申请情况分析

图 3-5 展示了抗肿瘤药物中国专利来源国专利申请量分布情况。

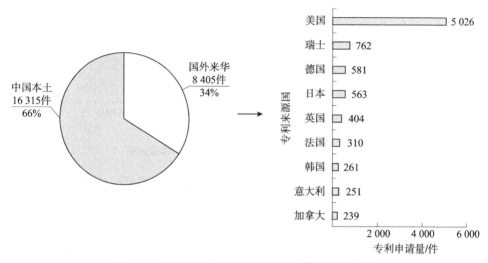

图 3-5　抗肿瘤药物中国专利来源国专利申请量分布

专利的原始申请人所在国家通常是该项专利技术的研发地，可认为是该项技术的产出地，对国内公开的专利的原始申请人所在国的分布进行分析可以体现出这些国家对于中国抗肿瘤药物市场的重视程度，而且能反映出国内的专利技术的来源分布。可以看出国内的专利大部分来自国内的药企，选择将本土作为主要市场也在情理之中，而其他国家，如全球抗肿瘤药物发展领先的美国，其各药企在中国的专利布局量排名第二位，而且专利数量也远多于其他国家在中国的专利布局，足以见得中国是美国在抗肿瘤方面除本土外最看重的市场，而且，同时美国新药的平均审批时间在 10 个月左右，更是促进了美国药企对于抗肿瘤药物的研发意愿，中国作为全球人口基数大、癌症患者数量占比和增长率都较大的国家，毫无意外地成了美国各药企首要的竞争市场，而做好专利布局更是赢得市场的一把利剑。

3.1.2.3　天津市各区县专利申请情况分析

图 3-6 展示了抗肿瘤药物产业天津市各区专利申请量分布情况。

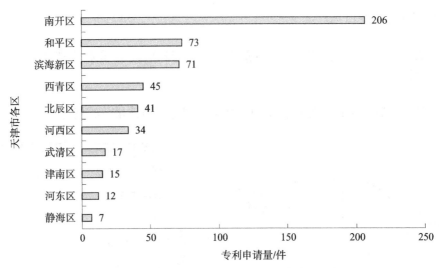

图 3-6　抗肿瘤药物天津市各区专利申请量分布

　　从图 3-6 可以看出，抗肿瘤药物产业天津市各区中南开区、和平区和滨海新区是天津市主要申请区域，三个区域专利申请量占天津市申请总量的 59%。其中，南开区位列第一，南开大学和天津大学均位于南开区；和平区位列第二，主要创新主体为天津医科大学和天津医科大学总医院；滨海新区则聚集了许多企业，主要创新主体为企业，与南开区及和平区的创新主体类型大不相同，产业化程度高，也侧面反映了滨海新区作为天津市的重点发展区域，给予企业的良好政策起到了一定的效果。天津市其他区域在抗肿瘤药物方面的专利申请量均较小，最多也未超过 50 件，表明这些区域对抗肿瘤的研究投入较小，未形成一定规模，另外对于天津医科大学肿瘤医院这类重点单位，增强相关人员专利申请意识和鼓励专利申请尤为重要。

3.1.3　专利布局重点及热点技术分析

3.1.3.1　全球专利布局重点及热点

　　结合抗肿瘤药物产业发展历程以及表 1-2 抗肿瘤各技术分支全球专利申请量情况可以看出，目前小分子靶向药为全球专利布局的重点，其专利布局已经形成了一定的规模，而单抗类、双抗类以及新型的抗体偶联药物、免疫检查点抑制剂均为目前抗肿瘤药物方面的研发热点方向。

表 3-1 为抗肿瘤药物重点技术分支小分子靶向药分支的专利布局情况。

表 3-1　抗肿瘤药物重点技术分支专利布局情况　　　　单位：件

技术一级	技术二级	二级申请量	技术三级	三级申请量
抗肿瘤药物	小分子靶向药	116 142	EGFR 抑制剂	27 927
			ALK 抑制剂	3 989
			TKI 抑制剂	26 397
			MET 抑制剂	4 592
			RET 抑制剂	13 218
			NTRK 抑制剂	404
			BRAF 抑制剂	25 036
			MEK 抑制剂	8 185
			HER2 抑制剂	14 645
			CDK4/6 抑制剂	10 217
			PARP 抑制剂	8 543
			抗血管多激酶抑制剂	1 853
			mTOR 抑制剂	19 363
			HDAC 抑制剂	16 798
			BCR-ABL 抑制剂	25 279
			BTK 抑制剂	7 455
			JAK 抑制剂	3 506
			PI3K 抑制剂	12 831
			FGFR2 抑制剂	1 133
			IDH1 抑制剂	1 246

从抗肿瘤药物各技术分支的专利申请量并结合目前的产业情况来看，抗肿瘤布局的重点是分子靶向药，而且小分子靶向药的专利申请量远大于其他技术分支，是目前比较热门的单抗类药物的一倍多。从小分子靶向药的具体技术分支的专利申请量可以看出，EGFR抑制剂、TKI抑制剂、BRAF抑制剂、BCR-ABL抑制剂是目前专利申请量排名前四位且数量均在2万件以上的靶点，说明针对这些靶点的药物是肿瘤靶向药的重点布局方向。

而作为抗肿瘤药物第二代的单抗类药物、第三代的双抗类药物以及第四代的ADC和免疫检查点抑制剂，其专利申请量相对于小分子靶向药少了很多，但是这几种类型的药物中，单抗类已经初具规模，专利申请量也是达到了4万多件，而比较新型的药物还处于探索阶段，专利布局量较少，均未达到万件级别。但是基于其药物治疗原理，其相对安全性更高，效果更好，未来肯定是抗肿瘤药物的热门方向，也是各大企业纷纷爆出其开始在双抗类药物以及第四代的ADC和免疫检查点抑制剂投入研究的消息。

图3-7展示了小分子靶向药各靶点的专利申请趋势。

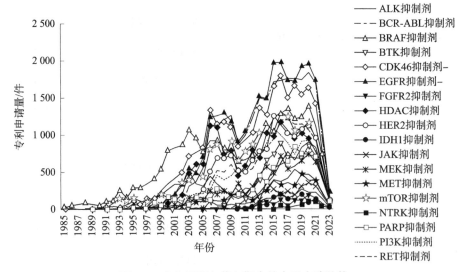

图3-7　小分子靶向药各靶点的专利申请趋势

从图3-7中可以看出，各靶点的小分子靶向药的专利申请量整体呈现增长的趋势，说明各个靶点的研究均处于发展中，虽然有的靶点专利申请量较少，如NTRK抑制剂、FGFR2抑制剂、IDH1抑制剂，截至检索日期，其专利申请量分别为 404 件、1 133 件、1 246 件，但是其年专利申请量变化趋势则和其他靶点抑制剂大体相同。针对热门靶点，如 BCR-ABL 已经处在研发第四代药物的阶段，而针对各企业关注较少的靶点，可能其均处于探索阶段。国内企业可以重点关注这些空白靶点。

表 3-2 为目前新型抗肿瘤药物的热门研发方向的专利布局情况。

表 3-2　抗肿瘤药物热点技术分支专利布局情况

技术主题	技术分类	专利申请量 / 件
抗肿瘤药物	单抗类	41 691
	双抗类	4 735
	抗体偶联药物	4 654
	免疫检查点抑制剂	8 992

从表 3-2 可以看出，单抗类是目前最受关注的抗肿瘤药物新研发方向，专利申请量为 41 691 件，已经初步形成规模，而且由于其具有特异性强的优点，针对特定的单一抗原表位，可以直接与靶点结合，通过阻断、直接杀伤或激活免疫反应来充分发挥保护作用，不会错误识别而攻击正常细胞，这是其他药物尤其是肿瘤化疗治疗药物很难实现的，单抗类药物被称作"消灭肿瘤的精确导弹"；灵敏度很高，用药量少，一般使用剂量在几百毫克左右，低剂量单抗类药物就能达到低毒副作用的疗效；单抗类药物为蛋白质，其代谢方式和体内的蛋白质代谢方式一样，不会额外对肝、肾造成负担，副作用相对较小，想必会成为下一个竞争激烈的方向。作为更新型的双抗类药物、ADC 以及免疫检查点抑制剂则目前还处于探索阶段，其专利申请量也仅为千件级别。

3.1.3.2　全球主要国家专利布局重点及热点

图 3-8 为抗肿瘤药物全球主要国家和地区小分子靶向药各靶点的专利申请分布情况。

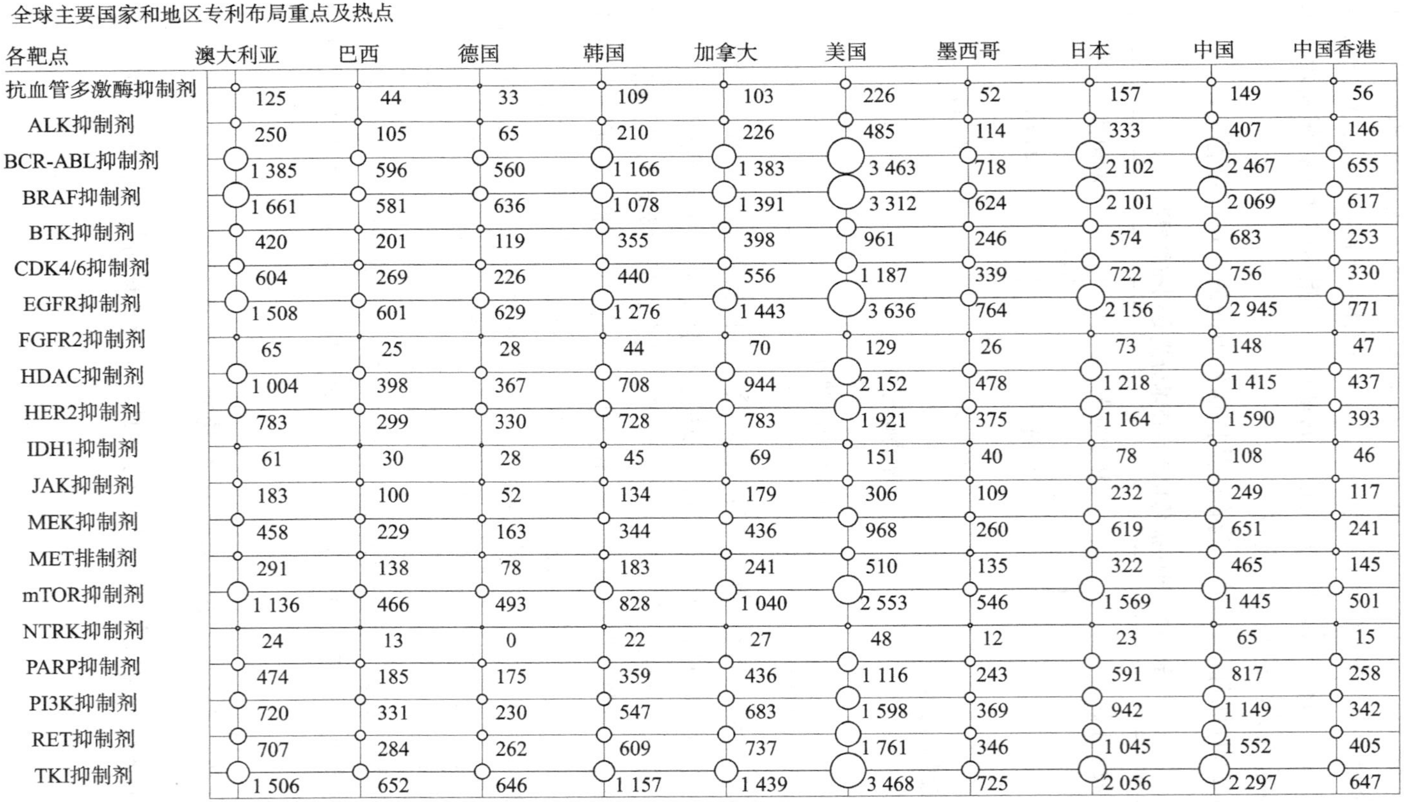

全球主要国家和地区专利布局重点及热点

各靶点	澳大利亚	巴西	德国	韩国	加拿大	美国	墨西哥	日本	中国	中国香港
抗血管多激酶抑制剂	125	44	33	109	103	226	52	157	149	56
ALK抑制剂	250	105	65	210	226	485	114	333	407	146
BCR-ABL抑制剂	1 385	596	560	1 166	1 383	3 463	718	2 102	2 467	655
BRAF抑制剂	1 661	581	636	1 078	1 391	3 312	624	2 101	2 069	617
BTK抑制剂	420	201	119	355	398	961	246	574	683	253
CDK4/6抑制剂	604	269	226	440	556	1 187	339	722	756	330
EGFR抑制剂	1 508	601	629	1 276	1 443	3 636	764	2 156	2 945	771
FGFR2抑制剂	65	25	28	44	70	129	26	73	148	47
HDAC抑制剂	1 004	398	367	708	944	2 152	478	1 218	1 415	437
HER2抑制剂	783	299	330	728	783	1 921	375	1 164	1 590	393
IDH1抑制剂	61	30	28	45	69	151	40	78	108	46
JAK抑制剂	183	100	52	134	179	306	109	232	249	117
MEK抑制剂	458	229	163	344	436	968	260	619	651	241
MET排制剂	291	138	78	183	241	510	135	322	465	145
mTOR抑制剂	1 136	466	493	828	1 040	2 553	546	1 569	1 445	501
NTRK抑制剂	24	13	0	22	27	48	12	23	65	15
PARP抑制剂	474	185	175	359	436	1 116	243	591	817	258
PI3K抑制剂	720	331	230	547	683	1 598	369	942	1 149	342
RET抑制剂	707	284	262	609	737	1 761	346	1 045	1 552	405
TKI抑制剂	1 506	652	646	1 157	1 439	3 468	725	2 056	2 297	647

图 3-8 抗肿瘤药物全球主要国家和地区小分子靶向药各靶点的专利申请分布

从图 3-8 可以看出，EGFR、TKI 和 BCR-ABL 这三个靶点均是各个国家申请人的重点研究方向。除此以外，美国在 BRAF、mTOR 和 HDAC 这些靶点上专利申请量均在 2000 件以上；中国在 BRAF 靶点上也有一定的专利申请量。在所有靶点中，NTRK、IDH1 和 FGFR2 是各个国家专利布局的冷门方向，针对 IDH1 靶点和 FGFR2 靶点，只有美国和中国的专利申请量超过了 100 件，其他国家均在 100 件以下，而针对 NTRK 靶点，各国家的专利申请量均未超过 100 件。

3.1.3.3 天津市专利布局重点及热点

表 3-3 为天津市抗肿瘤药物重点及热点分支专利布局情况。

表 3-3 天津市抗肿瘤药物重点及热点分支专利布局情况 单位：件

技术一级主题	技术二级	二级申请量	技术三级	三级申请量	技术四级	四级申请量
抗肿瘤药物	细胞毒类药物	337	作用于 DNA 复制	133	烷化剂和氮芥类	58
					铂类	96
					丝裂霉素	8
			影响核酸生物合成	46	二氢叶酸还原酶抑制剂	4
					胸腺核苷合成酶抑制剂	34
					嘌呤核苷酸合成酶抑制剂	6
					核苷酸还原酶抑制剂	2
					DNA 多聚酶抑制剂	24
			作用于核酸转录			155
			作用于 DNA 复制	82	拓扑异构酶 I 抑制剂	70
					拓扑异构酶 II 抑制剂	24
			干扰微管蛋白合成			130
			抑制蛋白质合成			10
	小分子靶向药	171	EGFR 抑制剂			37
			ALK 抑制剂			7
			TKI 抑制剂			26
			MET 抑制剂			4

技术一级主题	技术二级	二级申请量	技术三级	三级申请量	技术四级	四级申请量
抗肿瘤药物	小分子靶向药	171	RET 抑制剂		19	
			NTRK 抑制剂		1	
			BRAF 抑制剂		25	
			MEK 抑制剂		10	
			HER2 抑制剂		16	
			CDK4/6 抑制剂		3	
			PARP 抑制剂		10	
			抗血管多激酶抑制剂		6	
			mTOR 抑制剂		7	
			HDAC 抑制剂		17	
			BCR-ABL 抑制剂		46	
			BTK 抑制剂		3	
			JAK 抑制剂		5	
			PI3K 抑制剂		6	
			FGFR2 抑制剂		1	
			IDH1 抑制剂		0	

从表 3-3 中可以看出，天津市在抗肿瘤方面的专利布局重点为细胞毒类药物及小分子靶向药，细胞毒类药物的化疗用药在国内还占据着主导地位，各企业还是以其为核心进行相应的专利布局，而目前作为国际上各企业专利布局较多的小分子靶向药，天津市虽然也有相应的专利布局，但是其占比相较于细胞毒类较少，即与目前国内专利技术布局情况类似，而且专利布局仍然有所局限，专利申请量并不突出，提升创新主体的知识产权布局意识、确权意识和维权意识，重视知识产权的创造是重中之重。

3.1.3.4　天津市专利布局和国内外的差异对比分析

表 3-4 为小分子靶向药各靶点天津市专利布局和国内外的布局情况。

表 3-4　小分子靶向药各靶点天津市专利布局和国内外的布局

小分子靶向药	全球		中国		天津市	
	专利 / 件	占比 /%	专利 / 件	占比 /%	专利 / 件	占比 /%
EGFR 抑制剂	27 927	12	2 945	14	37	15
TKI 抑制剂	26 397	11	2 297	11	26	10
BCR-ABL 抑制剂	25 279	11	2 467	12	46	18
BRAF 抑制剂	25 036	11	2 069	10	25	10
mTOR 抑制剂	19 363	8	1 445	7	7	3
HDAC 抑制剂	16 798	7	1 415	7	17	7
HER2 抑制剂	14 645	6	1 590	7	16	6
RET 抑制剂	13 218	6	1 552	7	19	8
PI3K 抑制剂	12 831	6	1 149	5	6	2
CDK4/6 抑制剂	10 217	4	756	4	3	1
PARP 抑制剂	8 543	4	817	4	10	4
MEK 抑制剂	8 185	4	651	3	10	4
BTK 抑制剂	7 455	3	683	3	3	1
MET 抑制剂	4 592	2	465	2	4	2
ALK 抑制剂	3 989	2	407	2	7	3
JAK 抑制剂	3 506	2	249	1	5	2
抗血管多激酶抑制剂	1 853	1	149	1	6	2
IDH1 抑制剂	1 246	1	108	1	0	0
FGFR2 抑制剂	1 133	0	148	1	1	0
NTRK 抑制剂	404	0	65	0	1	0

从表 3-4 可以看出，针对抗肿瘤药物目前最受关注的小分子靶向药方向，天津市虽然在各个靶点的专利布局占比均和国内以及全球相似，而且在各个靶点均有相应的专利布局，但是其专利布局数量较少，也充分体现了天津在小分子靶向药方面的研发能力比较薄弱，不仅在全球和国内专利布局数量排名靠前的 EGFR 抑制剂、TKI 抑制剂、BCR-ABL 抑制剂、BRAF 抑制剂方面的专利布局量较少，而且在 BTK 抑制剂、MET 抑制剂、ALK 抑制剂、JAK 抑制剂、抗血管多激酶抑制剂、IDH1 抑制剂、FGFR2 抑制剂、NTRK 抑制剂方面专利申请量均小于 10 件，即在热门靶点和冷门靶点方面天津市的专利申请量均较少，也表明天津市在抗肿瘤的专利技术转化量较少，大多数创新成果没有得到进一步的开发和价值转化。

3.1.4 创新主体竞争格局分析

3.1.4.1 全球创新主体分析

图 3-9 展示了抗肿瘤药物专利申请量排名前十五位的申请人的专利申请数量。

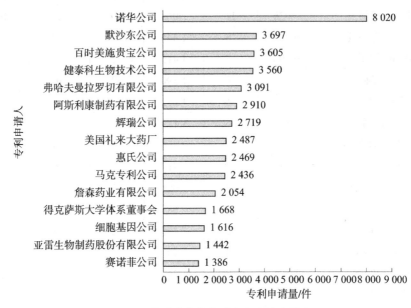

图 3-9 抗肿瘤药物全球主要申请人排名

由图 3-9 可知，排名前十五位的申请人均为欧洲、美国、日本等的大药企，说明欧洲、美国、日本等的大药企在肿瘤药产业的垄断地位非常突出，其中诺华的专利申请量明显高于其他申请人，甚至比排名第二的默沙东公司高一倍以上，而第二梯队的专利申请人为默沙东公司、百时美施贵宝公司（BMS）、健泰科生物技术公司，其专利申请均在 3 500 件以上。抗肿瘤药物以其丰厚的经济前景吸引着各大公司投入研发，中国企业还没能够挤进前列，可见在抗肿瘤药物研究方向，我国仍需加大投入。在抗肿瘤药物的具体技术分类上，作为抗肿瘤药物重点领域的小分子靶向药诺华也是一骑绝尘，领先排名第二位的弗哈夫曼拉罗切有限公司三倍还要多。而对于单抗类和双抗类药物，诺华不再排名第一位，健泰科生物技术公司的专利申请量位居第一，针对新型药物 ADC 和免疫检查点抑制剂，排名靠前的企业更是在小分子靶向药排名较低甚至未出现在前 15 名中，针对新型药物，技术研发处于探索阶段，而且由于药物机理存在一定区别，各大企业的起跑线相当，而对于像诺华这样在小分子靶向药方向上占据主导地位的企业，其在新型药物研究方面未必占有足够的优势，而那些在小分子靶向药方面不具有专利控制力的企业，反而将大量的人力财力投入新型的药物研究中，有可能实现弯道超车。而对抗肿瘤药物整体发展较落后的中国来说，着手研究新型药物更加迫在眉睫，同时做好专利申请布局的保驾护航也是重中之重。

表 3-5 展示了抗肿瘤药物二级分支全球专利申请情况居前 10 位的专利申请人和其专利申请量。

表 3-5 抗肿瘤药物二级分支全球专利申请情况　　　　单位：件

细胞毒		小分子靶向药		单抗类		双抗类	
全球专利申请人	专利申请量	全球专利申请人	专利申请量	全球专利申请人	专利申请量	全球专利申请人	专利申请量
诺华	2 447	诺华	6 386	健泰科生物技术公司	1 809	健泰科生物技术公司	185
百时美施贵宝公司	2 276	弗哈夫曼拉罗切有限公司	2 058	诺华	1 302	LEAF 控股集团公司	175
健泰科生物技术公司	1 494	阿斯利康制药有限公司	1 732	弗哈夫曼拉罗切有限公司	776	杭州多禧生物科技有限公司	156
细胞基因公司	1 280	健泰科生物技术公司	1 665	辉瑞公司	657	免疫医学股份有限公司	139
辉瑞公司	1 261	百时美施贵宝公司	1 473	百时美施贵宝公司	631	弗哈夫曼拉罗切有限公司	116
弗哈夫曼拉罗切有限公司	1 139	詹森药业有限公司	1 388	伊缪诺金公司	495	卡利泰拉生物科技公司	103
沃泰克斯药物股份有限公司	1 071	惠氏公司	1 312	默沙东药厂	464	辉瑞公司	101
先灵大药厂	1 045	辉瑞公司	1 284	奥米罗有限公司	392	乐高化学生物科学股份有限公司	83
阿布拉科斯生物科学有限公司	961	亚雷生物制药股份有限公司	1 275	细胞基因公司	378	艾伯维公司	82
得克萨斯大学体系董事会	931	英塞特公司	1 157	吉利德科学公司	374	安进公司	62

细胞毒		小分子靶向药		单抗类		双抗类	
全球专利申请人	专利申请量	全球专利申请人	专利申请量	全球专利申请人	专利申请量	全球专利申请人	专利申请量
艾伯维公司	165	得克萨斯大学体系董事会	237	先灵公司	2 548	诺华	204
4SC 股份有限公司	156	阿克思生物科学有限公司	221	默沙东公司	2 265	辉瑞产品公司	150
医疗免疫有限公司	149	诺华	194	辉瑞公司	2 056	埃斯蒂文博士实验室股份有限公司	149
杭州多禧生物科技有限公司	122	吉利德科学公司	182	诺华	1 464	辉瑞公司	144
普莱希科公司	116	拜耳股份公司	182	马克专利公司	1 251	艾兰制药国际有限公司	122
ADC 治疗股份有限公司	106	凯莫森特里克斯股份有限公司	111	美国礼来大药厂	1 203	健泰科生物技术公司	95
辉瑞公司	92	大日本住友制药股份有限公司	101	百时美施贵宝公司	1 197	阿文蒂斯药物德国有限公司	93
SEAGEN INC	84	德国癌症研究公共权益基金会	97	惠氏公司	1 030	塞诺菲安万特股份有限公司	88
西根公司	83	亚雷生物制药股份有限公司	96	健泰科生物技术公司	794	艾伯维公司	81
艾伯维公司	165	法国国家健康医学研究院	85	阿斯利康制药有限公司	640	尼科克斯公司	79

3.1.4.2 中国创新主体分析

图 3-10 展示了抗肿瘤药物专利申请量排名前十五位的中国申请人的专利申请数量。

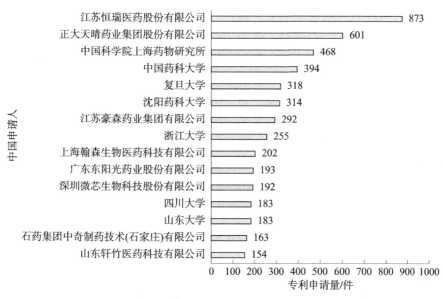

图 3-10　抗肿瘤药物中国主要申请人的专利申请情况

图 3-10 展示了抗肿瘤药物专利申请量排名前十五位的中国申请人。由图可知，排名第一位的是国内在抗肿瘤行业大家熟知的上市企业江苏恒瑞医药股份有限公司，其专利申请量更是远多于国内其他申请人，但是相较于国际上排名靠前的企业，专利申请量还是少很多，主要原因是国内的抗肿瘤药物发展起步较晚，而且中国的专利制度起步较晚，《中华人民共和国专利法》于 1985 年才开始实施。截至 2023 年 3 月，江苏恒瑞医药股份有限公司已有 12 款创新药上市，其中 8 款为抗肿瘤药。排名第二位的是正大天晴药业集团股份有限公司，其专利申请量为 572 件。据悉，贝莫苏拜单抗是正大天晴研发的全新序列的创新抗 PD-L1 人源化单克隆抗体，可阻止 PD-L1 与 T 细胞表面的 PD-1 和 B7.1 受体结合，使 T 细胞恢复活性，从而增强免疫应答，正大天晴药业集团股份有限公司已经开始涉足新型药物的研发。排名中间的均为院校和科研机构，如中国药科大学、复旦大学、沈阳药科大学，相较于国外专利申请量排名靠前的大多数为企业的情况来看，国内在抗肿瘤方面的研究许多还处于院校和科研机构的理论阶段，还未形成产业化，事实上，中国抗肿瘤新药研发产业化始于 2014 年阿帕替尼上市，我国首个完全自主研发的抗肿瘤药物阿帕替尼的成功上市标志着中国抗肿瘤新药研发的开端。21 世纪初，中国抗肿瘤新药临床试验进入了一个全新的时代。在国家政策的指引和激励下，社会各界广泛参与，中国抗肿瘤新药研发快速发展，从仿制向原始创新转变。NMPA 药物临床试验登记与公示平台的数据显示，2013 年 1 月 1 日至 2021 年 2 月 3 日，中国

共开展了 2 079 项肿瘤临床试验，其中有些药物已经上市，为中国恶性肿瘤患者提供了越来越多的治疗选择，改善了患者预后，提高了治疗药物可及性。从中国主要申请人排名可以看出，在重点领域小分子靶向药排名第一位的为江苏恒瑞医药股份有限公司，排名第二的正大天晴药业集团股份有限公司专利申请量仅次于江苏恒瑞医药股份有限公司；而在单抗类药物方面排名第一位的正大天晴药业集团股份有限公司，江苏恒瑞医药股份有限公司作为国内抗肿瘤药物领域的领头羊企业的优势并非那么明显，仅排名第四位，同样在新型抗肿瘤药物方面，如双抗类药物、ADC、免疫检查点抑制剂均出现了小分子靶向药排名并非很靠前的企业，也表明对于新型药物而言，各企业的研发均处在开始阶段。

表 3-6 展示了抗肿瘤药物二级分支中国申请人专利申请情况。

表3-6　抗肿瘤药物二级分支中国申请人专利申请排名　　单位：件

细胞毒		小分子靶向药		单抗类		双抗类	
中国申请人	专利申请量	中国申请人	专利申请量	中国申请人	专利申请量	中国申请人	专利申请量
复旦大学	240	江苏恒瑞医药股份有限公司	556	正大天晴药业集团股份有限公司	131	上海瑛派药业有限公司	46
中国药科大学	233	正大天晴药业集团股份有限公司	478	广东东阳光药业股份有限公司	119	正大天晴药业集团股份有限公司	46
江苏恒瑞医药股份有限公司	278	中国科学院上海药物研究所	296	上海瑛派药业有限公司	115	中国药科大学	30
沈阳药科大学	198	江苏豪森药业集团有限公司	271	江苏恒瑞医药股份有限公司	115	成都百利多特生物药业有限责任公司	29
浙江大学	181	上海恒瑞医药有限公司	209	山东轩竹医药科技有限公司	72	四川科伦博泰生物医药股份有限公司	26
正大天晴药业集团股份有限公司	177	上海翰森生物医药科技有限公司	197	博笛生物科技有限公司	67	博笛生物科技有限公司	26

细胞毒		小分子靶向药		单抗类		双抗类	
中国申请人	专利申请量	中国申请人	专利申请量	中国申请人	专利申请量	中国申请人	专利申请量
山东轩竹医药科技有限公司	146	深圳微芯生物科技股份有限公司	169	上海恒瑞医药有限公司	64	江苏恒瑞医药股份有限公司	22
中国科学院上海药物研究所	138	广东东阳光药业股份有限公司	167	四川科伦博泰生物医药股份有限公司	46	海创药业股份有限公司	17
四川大学	127	中国药科大学	141	苏州亚盛药业有限公司	43	中国科学院上海药物研究所	16
上海瑛派药业有限公司	120	北京赛林泰医药技术有限公司	134	上海海雁医药科技有限公司	40	四川百利药业有限责任公司	14

ADC		免疫检查点抑制剂		激素类		辅助药物	
中国申请人	专利申请量	中国申请人	专利申请量	中国申请人	专利申请量	中国申请人	专利申请量
成都百利多特生物药业有限责任公司	27	药捷安康（南京）科技股份有限公司	73	江苏恒瑞医药股份有限公司	236	中国科学院广州生物医药与健康研究院	19
四川科伦博泰生物医药股份有限公司	23	和记黄埔医药（上海）有限公司	65	上海恒瑞医药有限公司	143	上海青煜医药科技有限公司	16
博笛生物科技有限公司	20	杭州阿诺生物医药科技有限公司	29	广东东阳光药业股份有限公司	141	江苏恒瑞医药股份有限公司	15
江苏恒瑞医药股份有限公司	18	正大天晴药业集团股份有限公司	28	上海瑛派药业有限公司	114	山东轩竹医药科技有限公司	14

ADC		免疫检查点抑制剂		激素类		辅助药物	
中国申请人	专利申请量	中国申请人	专利申请量	中国申请人	专利申请量	中国申请人	专利申请量
上海恒瑞医药有限公司	15	中国药科大学	22	博笛生物科技有限公司	107	轩竹生物科技股份有限公司	10
四川百利药业有限责任公司	13	北京诺诚健华医药科技有限公司	22	山东轩竹医药科技有限公司	103	复旦大学	9
中国科学院上海药物研究所	13	海创药业股份有限公司	17	康朴生物医药技术（合肥）有限公司	54	中国科学院上海药物研究所	9
上海新理念生物医药科技有限公司	11	润佳（苏州）医药科技有限公司	16	正大天晴药业集团股份有限公司	52	南京清普生物科技有限公司	8
上海复旦张江生物医药股份有限公司	10	捷思英达医药技术（上海）有限公司	15	轩竹生物科技股份有限公司	50	四川九章生物科技有限公司	7
百奥泰生物制药股份有限公司	9	中国科学院上海药物研究所	14	中国科学院上海药物研究所	34	中国医学科学院基础医学研究所	7

3.1.4.3　天津市创新主体分析

图 3-11 展示了抗肿瘤药物专利申请量排名前十五位的天津市申请人的专利申请情况。

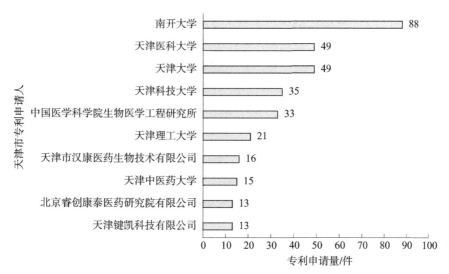

图 3-11 抗肿瘤药物天津市主要申请人专利申请排名

由图 3-11 可知，天津市的创新主体为院校，其中，南开大学的专利申请量最多，为 88 件，其次是天津医科大学和天津大学，均为 49 件，而作为企业的天津市汉康医药生物技术有限公司排名第 7 位，专利申请量仅为 16 件，可见抗肿瘤药物的发展在天津市并未形成产业化规模，目前还均在探索阶段，其企业的研发实力较弱，创新产出能力较弱，在行业竞争中缺乏专利控制力。

3.1.4.4 天津市创新主体和国内外创新主体专利布局结构差异对比分析

表 3-7 展示了抗肿瘤药物各二级分支天津市申请人和国内外申请人专利申请情况。

表 3-7 抗肿瘤药物各二级分支天津市申请人和国内外申请人专利申请分布

技术二级	全球		中国		天津市	
	专利 / 件	占比 /%	专利 / 件	占比 /%	专利 / 件	占比 /%
细胞毒类	135 124	35	13 285	43	337	57
小分子靶向药	116 142	30	10 818	35	171	29
单抗类	41 691	11	2 233	7	20	3
双抗类	4 735	1	580	2	7	1
激素类	66 105	17	2 674	9	46	8
ADC	4 654	1	267	1	3	1
免疫检查点	8 992	2	745	2	2	0
辅助药	7 647	2	383	1	1	0

从表 3-7 可以看出，天津市创新主体的专利布局结构和国内其他地区相似，但是和全球存在不同，尤其是在细胞毒类方面的专利布局，在全球的专利布局占比中，细胞毒类药物仅占 5%，而国内创新主体以及天津市创新主体占比均在 50% 左右，足以表明国内创新主体将化疗药物作为布局的核心，这也和国内癌症治疗的大环境息息相关，目前国内大部分癌症患者还是以化疗治疗为主。在小分子靶向药方面，中国和天津市的创新主体目前的专利布局相对较弱，仍存在创新力不足、研发投入不足、产品市场空间受限的问题。

3.1.4.5　天津医科大学与全国其他高校专利布局差异对比

表 3-8 展示了抗肿瘤药物各二级分支天津医科大学和国内其他高校专利申请分布情况。

表 3-8　抗肿瘤药物各二级分支天津医科大学和国内其他高校专利申请分布

技术二级	其他高校		中国医科大学	
	专利 / 件	占比 /%	专利 / 件	占比 /%
细胞毒类	6 287	35	31	84
小分子靶向药	2 972	16	4	11
单抗类	339	2	0	0
双抗类	152	1	0	0
激素类	500	3	1	3
ADC	38	0	1	3
免疫检查点抑制剂	182	1	0	0
辅助药	7 647	42	0	0

从表 3-8 可以看出，中国医科大学的专利布局结构和国内其他高校相似，均是在细胞毒类方面的专利布局占比最多，中国医科大学的细胞毒类药物占 84%，而国内其他高校的所有专利中细胞毒类也是占比最多的，占比在 35% 左右，足以表明国内高校目前也是将化疗药物作为布局的核心，和国内的癌症治疗的大环境息息相关，目前国内大部分癌症患者还是以化疗治疗为主。在小分子靶向药方面，中国医科大学和国内其他高校的创新主体目前的专利布局相对较弱，仍存在创新力不足、研发投入不足、产品市场空间受限的问题。

3.1.5　专利运营活跃度情况分析

3.1.5.1　中国专利转让 / 许可 / 质押分析

表 3-9 展示了抗肿瘤药物中国专利运营情况。

表 3-9　抗肿瘤药物中国专利运营情况

技术二级	转让 /件	质押 /件	许可 /件	诉讼 /件	无效 /件	合计 /件	中国专利 总量 /件	合计 占比 /%
细胞毒类	1 407	55	120	36	26	1 644	15 075	11
小分子靶 向药	1 098	41	72	22	22	1 251	10 912	11
单抗类	282	6	17	4	10	319	2 752	12
双抗类	31	1	2	0	1	35	452	8
激素类	424	20	33	16	6	499	4 052	12
ADC	23	0	0	0	0	23	264	9
免疫检查 点抑制剂	48	1	2	0	0	51	852	6
辅助药	51	2	8	1	3	65	463	14

从中国专利各技术分支的运营情况可以看出，中国专利运营主要是权利转移，其中细胞毒类分支的权利转移数量最多。主要是因为细胞毒类在中国的专利布局数量也最多，即基数大，而作为专利申请量最多的两个分支——细胞毒类和小分子靶向药，其质押、许可、诉讼、无效专利的数量占比都较少，均在 11% 左右，但是从这两个领域的专利诉讼数量来看，仍然是抗肿瘤药物产业中主要的专利壁垒，当然也是发生无效数量较多的。

3.1.5.2　天津专利转让 / 许可 / 质押分析

表 3-10 展示了抗肿瘤药物天津市专利运营情况。

表 3-10　抗肿瘤药物天津市专利运营情况

技术二级	转让/件	质押/件	许可/件	诉讼/件	无效/件	合计/件	中国专利总量/件	合计占比/%
细胞毒类	33	0	9	1	0	43	337	13
小分子靶向药	17	1	0	0	0	18	171	11
单抗类	1	0	0	0	0	1	20	5
双抗类	1	0	0	0	0	1	7	14
激素类	4	0	1	1	0	6	46	13
ADC	0	0	0	0	0	0	3	0
免疫检查点抑制剂	0	0	0	0	0	0	2	0
辅助药	0	0	0	0	0	0	1	0

　　从天津市专利各技术分支的运营情况（表 3-10）可以看出，天津市专利运营主要也是权利转移，其中细胞毒类分支的权利转移数量最多。主要是因为细胞毒类在天津市的专利布局数量也最多，即基数大，而所有分支中的质押、许可、诉讼、无效数量的数量都较少，几乎为零，专利活跃度低，也跟天津市目前的抗肿瘤药物的发展未形成产业规模化有关，而且从天津市抗肿瘤药物专利的创新主体来看，大部分专利申请人为院校，企业相对较少，也充分体现了目前的专利申请创造与专利的确权和维权的相关性较低。

3.1.6　创新人才储备分析

3.1.6.1　中国发明人分析

图 3-12 展示了抗肿瘤药物领域专利申请量排名前 15 位的中国发明人。

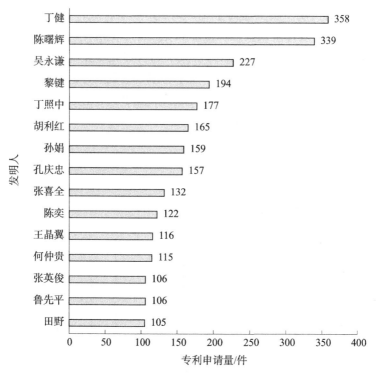

图 3-12 抗肿瘤药物领域中国发明人专利申请量排名

从图 3-12 可以看出,丁健作为发明人共申请专利 358 件,排名第一位。丁健是肿瘤药理学家,中国工程院院士、发展中国家科学院院士,在分子靶向抗肿瘤药物研究方面作出了重要贡献。他围绕抗肿瘤新靶向分子发现、新作用机制探明、新生物标志物确证这一系列研究目标,成功地揭示了一系列抗肿瘤化合物或候选新药的作用机制,并发现了一些重要的肿瘤生物标志物。这些成果对于推动抗肿瘤药物的研究发展具有重要意义,也为临床治疗提供了新的思路和方向。陈曙辉的专利申请量为 339 件,经调查,陈曙辉为药明康德副总裁,属于核心技术人员。

3.1.6.2 天津市发明人分析

图 3-13 展示了抗肿瘤药物领域专利申请量排名前 10 位的天津市发明人。郁彭作为发明人共申请专利 22 件,排名第一位。郁彭是天津科技大学生物工程学院副院长、教授、博士生导师,法国国家药学科学院外籍通讯院士,主要研究方向有药物化学(小分子抑制剂,激活剂等)、抗肿瘤药理学、糖化学生

物学、药物作用机制、新型递药系统、天然产物全合成、药物新制剂新剂型、天然活性物质的功效评价及其在保健品和化妆品中的应用等。严洁的专利申请量为18件，经调查，严洁是中国药科大学药物合成专业学士、北京大学高级工商管理硕士，天津市汉康医药生物技术有限公司及天津汉瑞药业有限公司创始人，现任天津市汉康医药生物技术有限公司董事长兼总经理。

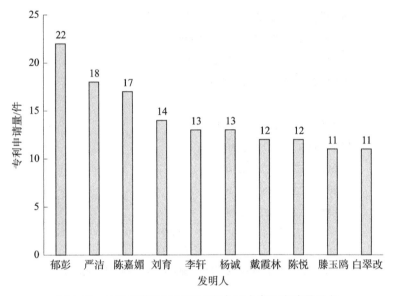

图3-13　抗肿瘤药物领域天津市发明人专利申请量排名

3.1.7　小结

从全球抗肿瘤药物专利申请趋势看，2000年后进入技术成熟阶段，全球的研发重心从非靶向药向靶向药逐渐转移。全球抗肿瘤药物专利申请量排名前三位的依次为美国（US）、日本（JP）和中国（CN），日本、欧洲和美国等经济发达国家或地区是各大药企的主要目标市场，而中国仅次于这些发达国家或地区。从全球抗肿瘤药物专利申请的技术方向看，靶向药的专利申请量高于其他药物，其中EGFR、TKI、BRAF、BCR-ABL是专利申请量排名前三位的靶点。从全球主要国家在抗肿瘤药物专利申请的技术分布情况看，美国和中国在靶向药上的专利申请量远高于其他非靶向药，而日本和法国的专利申请以非靶向药为主。EGFR、TKI和BCR-ABL这三个靶点均是各个国家申请人的重点研究方向。在所有靶点中，NTRK、IDH1和FGFR2是各个国家专利布局的冷门方向。抗肿瘤药物专利申请的主要申请人为欧洲、美国、日本的大药企，大部分药企在靶向药和非靶向药上的专利布局数量相当，其中诺华、默沙东、BMS（百时美施贵宝公司）、健泰科生物技术公司的专利申请量明显高于其他申请人，是抗肿瘤药物产业的龙头企业。

3.2　抗肿瘤器械产业专利分析

3.2.1　专利发展态势分析

3.2.1.1　全球及主要国家专利申请趋势分析

抗肿瘤器械的发展至今已有百余年的历史，图 3-14 展示了与抗肿瘤器械相关的全球专利申请量前 10 位的国家和地区的年度申请趋势。经统计，相关专利申请量排名前 10 位的国家和地区依次为中国、美国、日本、韩国、德国、荷兰、英国、印度、俄罗斯及加拿大。

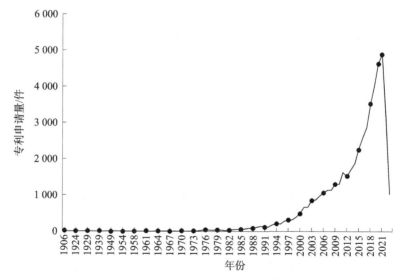

图 3-14　抗肿瘤器械全球专利申请趋势

由图 3-15 可知，抗肿瘤器械相关专利申请起步较早，公开数据显示，1927 年开始涉及该领域的专利被申请，医疗设备在 20 世纪得到了革命性的发展。随着电子技术和计算机技术的进步，医疗设备变得更加先进和可靠，如 X

射线设备、心脏监护仪、电子血糖仪等，但直到 20 世纪 90 年代，专利申请量增速较为缓慢；进入 21 世纪之后，随着生物医学工程和信息技术的发展，医疗设备正以更快的速度发展。分子诊断和遗传学的进步推动了基因检测和新药研发领域的医疗设备创新。此外，医疗影像技术、无创治疗设备、机器人手术系统等也在不断发展和应用。相应地，该领域的专利量增速开始变得较为明显，尤其近年来抗肿瘤器械领域的相关专利申请量增长最突出。

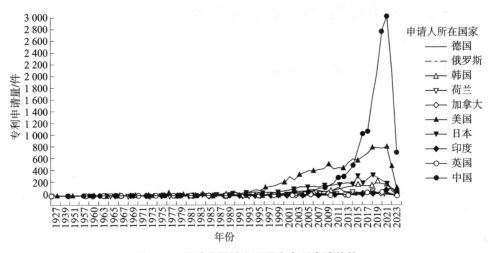

图 3-15 抗肿瘤器械主要国家专利申请趋势

另外，在抗肿瘤器械领域专利申请量排名前 10 位的国家中，中国在该领域起步较晚，在 2000 年之前较之于美国、日本、韩国及德国等发达国家一直处于落后状态，但 2000 年之后中国在该领域的发展开始发力，尤其在 2014—2023 年相关专利申请量开始激增，并逐渐领先于其他国家，成为年专利申请量位居第一的国家；美国在抗肿瘤器械领域的技术发展一直处于领先地位，2014 年之前，美国相关专利申请量各年度持续排名第一位，自 2014 年被中国赶超后，其相关专利申请量退居第二位，但仍旧在国际上处于领先水平。

3.2.1.2 天津市专利申请趋势分析

天津市在抗肿瘤器械领域的发展起步同样较晚，1988 年开始出现首件相关专利申请，但早期相关专利量较少，在 2014 年之前相关的专利申请量均未超过 10 件，但通过图 3-16 可以看出，天津市在抗肿瘤器械领域的专利申请量整体呈上升趋势，尤其在 2018—2023 年专利申请量较多，并于 2021 年达到峰值，为 42 件。另外，天津市在该领域的专利申请主体主要为高校和科研院所，包括天津大学、天津医科大学以及中国医学科学院等。

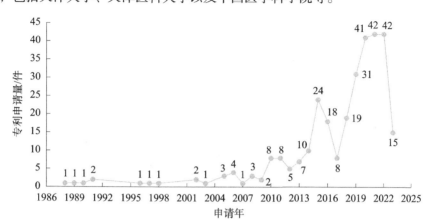

图 3-16　抗肿瘤器械领域天津市专利申请趋势

3.2.2　专利区域布局分析

3.2.2.1　全球及主要国家专利申请情况分析

全球抗肿瘤器械专利量排名第一位的中国，共申请相关专利 18 119 件，具体来看，中国在抗肿瘤器械领域起步较晚，早期较之于美国、日本、韩国以及德国等发达国家一直处于落后状态，但近年来中国在该领域的快速发展，专利申请量开始激增，并逐渐领先于其他国家，成为年专利申请量最大的国家。在中国众多抗肿瘤器械相关企业中以上海联影医疗以及西安大医集团最突出。上海联影医疗近年来持续进行高强度研发投入，致力于攻克医学影像设备、放射治疗产品等大型医疗装备领域的核心技术；西安大医集团致力于为肿瘤治疗提供前沿放疗技术、创新放疗设备、主流放疗设备和新型放疗服务模式等覆盖放射治疗全过程的解决方案，是世界上利用 γ 射束立体定向放射治疗技术治疗人体肿瘤和脑部疾患的先导之一。

美国拥有世界领先的放疗设备生产商瓦里安医疗系统公司（Varian Medical Systems）以及在医学成像、监护、数字医疗技术等众多抗肿瘤相关器械领域持有先进技术的 GE 医疗等众多抗肿瘤器械相关企业，其专利申请量也较为突出，总的专利申请量为 13 558 件，紧随中国之后排名第二位，早期相关专利的年申请量一直处于世界第一的地位。美国瓦里安医疗系统公司致力于提供癌症及其他疾病放射治疗、放射外科、质子治疗和近距离放射治疗设备及相关软件，公司也是全球领先的集医学、科研和工业领域的影像部件及安全检测相关设备的供应商；美国 GE 医疗是全球领先的医疗科技、诊断药物和数字化解决方案的创新者，在服务患者和医疗机构的 100 多年中，GE 医疗的医学影像、超声和诊断药物业务覆盖肿瘤诊断、治疗到监护各环节。

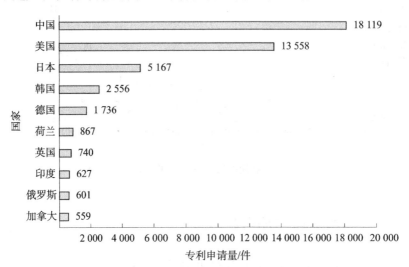

图 3-17　抗肿瘤器械全球专利申请量分布

日本在抗肿瘤器械领域同样处于领先地位，相关专利申请量共计 5 167 件。日本拥有东芝、日立、富士胶片、佳能等众多该领域领先企业，东芝在医疗健康领域自 1914 年在日本制造出第一个 X 射线管球进入医疗机器行业以来，经过 100 多年的发展，已经拥有最前沿的医用影像系列产品，成为世界主要医学影像产品厂商之一；日立通过研究和开发医疗信息、体外诊断、影像诊断、放射治疗等技术，提供医疗健康领域的系统及解决方案服务；富士胶片将肿瘤学作为其核心业务领域之一，通过结合技术优势与经验，致力于促进抗癌药物以及抗癌器械的研发；富士胶片在这方面的优势包括化学合成能力、设计能力以及在研发和生产胶卷过程中日渐积累的分析技术。

除中国、美国以及日本外，韩国、德国、荷兰、英国、印度、俄罗斯以及加拿大同样位于抗肿瘤器械相关专利申请量前十名之列，其专利申请量依次为韩国 2 556 件、德国 1 736 件、荷兰 867 件、英国 740 件、印度 627 件、俄罗斯 601 件以及加拿大 559 件。

3.2.2.2　国外来华及中国本土专利申请情况分析

图 3-18 展示了抗肿瘤器械领域国外来华及中国本土专利申请量情况。专

利的原始申请人所在国家通常是该项专利技术的研发地，可认为是该项技术的产出地，对国内公开的专利原始申请人所在国的分布分析可以体现出这些国家对于中国抗肿瘤药物市场的重视程度，而且能反映出国内的专利技术的来源分布。由图 3-18 可知，中国专利中本土企业申请相关专利共计 17 169 件，在所有中国专利中占据绝大部分，比例为 89%；国外企业来华申请专利量共计 2 128 件，在所有中国专利中占比为 11%。

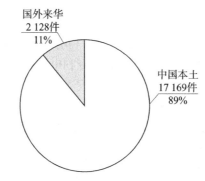

（a）国外来华及中国本土专利申请量

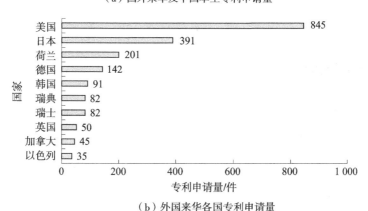

（b）外国来华各国专利申请量

图 3-18　抗肿瘤器械领域中国专利来源国专利申请量分布

　　在来华专利申请量排名前十位的国家中，美国来华专利申请量最大，共计 845 件，专利申请量远高于其他国家，足以见得中国是美国在抗肿瘤方面除本土外最看重的市场。中国人口基数大，癌症患者数量占比和增长率都较大，而且目前中国在三、四线城市中高端抗癌器械还存在很大的缺口，需求较大，因此中国不可避免地成了全球抗肿瘤器械企业必争的市场。

3.2.2.3 天津市各区县专利申请情况分析

图 3-19 反映了天津市各区在抗肿瘤器械相关专利申请量的分布情况，如图所示，南开区、滨海新区和河西区是天津市主要申请区域，三个区专利申请量共计 190 件，占天津市申请总量的 63%。其中，南开区位列第一，相关专利申请量为 83 件，该区域相关专利申请主体以高校为主，天津大学和南开大学均位于南开区，两所高校近年来在抗肿瘤器械领域均涉及相关研究，同时天津大学和南开大学相关专利申请量在天津市所有抗肿瘤器械申请主体中均居前 10 之列；滨海新区位列第二，相关专利申请量为 56 件，滨海新区作为天津市重点发展区域，聚集了许多企业，相关专利申请主体同样以企业为主，主要申请人包括天津赛德医药研究院有限公司、天津市鹰泰利安康医疗科技有限责任公司以及科宁（天津）医疗设备有限公司等；河西区位列第三，相关专利申请量为 51 件，河西区是天津市中心城区之一，相关专利的申请主体以高校为主，尤其以天津医科大学为主（包括天津医科大学第二医院以及天津医科大学肿瘤医院）。

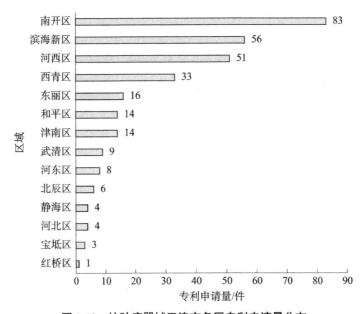

图 3-19 抗肿瘤器械天津市各区专利申请量分布

除上述三个区之外，其他各区的抗肿瘤器械相关专利申请量相对较少，依次为西青区 33 件、东丽区 16 件、和平区 14 件、津南区 14 件、武清区 9 件、河东区 8 件、北辰区 6 件、静海区 4 件、河北区 4 件、宝坻区 3 件以及红桥区 1 件。这些区在抗肿瘤器械产业中尚未形成明显的产业化。

3.2.3　专利布局重点及热点技术分析

3.2.3.1　全球专利布局重点及热点

表 3-11 展示了抗肿瘤器械在各个技术分支上的专利分布情况，抗肿瘤器械相关专利共计 49 576 件，其中肿瘤治疗器械 22 367 件，肿瘤诊断器械相关专利申请量 21 423 件，肿瘤监测器械相关专利申请量 11 678 件。结合抗肿瘤器械产业发展历程可以看出，在二级技术分支上，目前抗肿瘤治疗器械为全球专利布局的重点，其专利布局已经形成了一定的规模，而肿瘤诊断器械同样也是目前该领域的研发热点方向。

表 3-11　抗肿瘤器械重点技术分支专利布局情况　　　单位：件

一级技术		二级技术		三级技术	
抗肿瘤器械	49 576	肿瘤治疗器械	22 367	肿瘤手术器械	4 859
				放射治疗器械	9 368
				化疗器械	2 265
				靶向治疗器械	1 301
				免疫治疗器械	504
				其他	4 308
		肿瘤诊断器械	21 423	影像诊断器械	8 987
				实验室诊断器械	2 143
				组织病理学诊断器械	958
				液体活检诊断器械	1 388
				分子影像诊断器械	2 050
				其他	6 492
		肿瘤监测器械	11 678	电生理监测器械	1 801
				生理监测器械	1 613
				病情监测器械	2 792
				其他	5 668

肿瘤治疗器械包括肿瘤手术器械、放射治疗器械、化疗器械、靶向治疗器械、免疫治疗器械等，其中，专利申请量最突出的是放射治疗器械，相关专利申请量为 9368 件，在肿瘤治疗器械专利申请总量中占比高达 42%。放射治疗（简称放疗）是为治疗肿瘤而诞生的，治疗原理主要是通过高能射线直接或

间接破坏细胞 DNA 结构或细胞周围环境，使细胞死亡或不再繁殖生长，达到治疗肿瘤的目的。放疗不仅是治疗肿瘤的手段，更是一门复杂的科学技术，放疗和放射诊断相互依存、相互促进、共同发展，在 100 多年的发展进程中，放疗技术经历了初级放疗、常规放疗、立体定向放疗、三维适形放疗、调强放疗、图像引导放疗等发展阶段，治疗肿瘤从表浅到深部，治疗效果从姑息减症到无创根治，近距离治疗的学科地位也从"配角"成为"主角"。目前在癌症治疗领域，更为常见的放疗联合手术和药物治疗已经成为主要的癌症治疗手段。现在的放疗技术主流包括立体定向放射治疗（SRT）和立体定向放射外科（SRS）。立体定向放射治疗（SRT）包括三维适形放疗（3DCRT）、三维适形调强放疗（IMRT）；立体定向放射外科（SRS）包括 X 刀（X-knife）、伽马刀和射波刀，X 刀、伽马刀和射波刀等设备均属于立体定向放射治疗的范畴，其特征是三维、小野、集束、分次、大剂量照射，它要求定位的精度更高和靶区之外剂量衰减得更快。

肿瘤诊断器械同样是目前该领域的研发热点方向，包括影像诊断器械、实验室诊断器械、组织病理学诊断器械、液体活检诊断器械以及分子影像诊断器械等。专利申请量最突出的是影像诊断器械，共计 8 987 件，在肿瘤诊断器械专利申请总量中占比高达 42%。自 20 世纪 80 年代以来，随着信息技术的蓬勃发展，计算机科学、应用数学、材料学以及制造业都得到了快速发展，尤其是跨学科知识的交叉应用进一步促进了医学影像技术的进展。医学影像技术开始从二维向三维、从三维向四维发展，相伴随的是对医学影像的定性和定量分析技术的发展，分子、生理、功能、代谢和基因成像、特异性增强以及 AI+影像识别技术都得到了长足的进步。随着医学影像技术与医学场景应用越来越密切，一些新的成像技术或影像分析应用技术越来越普及。尤其是类似 GE、三星、西门子等科技公司开发出形式各异的尖端影像设备，使得遥不可及的影像技术得以有机会进入任何一家诊疗医院；此外，国外基因检测公司近年来竞相布局肿瘤液体活检业务，截至检索日，液体活检诊断器械的相关专利申请量为 1 388 件。过去 20 年间，随着对癌症相关研究的深入，化学治疗、靶向治疗、免疫治疗等治疗手段不断推陈出新，肺癌治疗水平得到了长足的进步。而肺癌患者的精准治疗离不开分子生物学及诊断技术的发展，液态活检作为新兴的检测技术在肺癌临床中的应用日趋成熟。液态活检通过取样脑脊液、唾液、胸腔积液、血液、腹水、尿液等对疾病进行诊断，能在一定程度上避免组织异质性对肿瘤分子分型的影响。目前，基于血液的液态活检是最主要的研究方向，主要检测血液中游离的循环肿瘤 DNA（ctDNA）、循环肿瘤细胞（CTC）和外泌体（Exosome）。欧美国家对液体活检研究较早，数个重量级产品已经或者准备投入临床应用。至今由美国 FDA 批准上市的液体活检产品共六种，主要围绕 cfDNA 技术路线。海外肿瘤检测和液体活检公司主要有 GRAIL、Exact Sciences、Guardant。

在肿瘤监测器械方面，由于其主要涉及的监测设备较为通用，不仅适用于肿瘤治疗，相对而言，该领域的关注度要远低于肿瘤治疗器械以及肿瘤诊断器械。其各个分支上的专利布局量为电生理监测器械 1 801 件、生理监测器械 1 613 件、病情监测器械 2 792 件、其他 5 668 件。

3.2.3.2 全球主要国家专利布局重点及热点

图 3-20 针对主要专利申请国家 / 组织在抗肿瘤器械重点领域——放射治疗器械的相关专利布局进行对比分析，由图可知，在放射治疗器械以及肿瘤手术器械均为各个主要国家的重点研究方向，在癌症治疗领域，放疗技术一直被认为是临床应用广泛、经济且效果好的治疗手段。目前放疗可以覆盖近 95% 的癌症类型和 50% 的癌症患者。据统计，40% 的治愈患者采用的治疗方式为放射治疗，并且，据瑞典议会医疗技术评估委员会（SBU）的数据，相较于传统手术治疗费用，放疗可为患者减轻 50% 的经济负担。由于肿瘤手术器械涉及众多通用手术器械，并非抗肿瘤领域的重点关注方向，在此不作进一步分析说明。

在放射治疗器械方向，中国的专利布局最突出，放射治疗器械相关专利申请量为 3 825 件。在十年之前，受制于研发技术薄弱，国产放疗设备只能对国外先进设备进行仿制；但随着近年来国产放疗设备的飞速发展，尽管在最高端的医疗设备，如质子重离子上还未能做到原始创新，但在直线加速器等设备上已与发达国家并驾齐驱。例如，西安大医集团近年来在研发领域持续加强投入，致力于攻克大型医疗装备领域的"卡脖子"核心技术。特别是世界首创的 X/γ 射线一体化放疗系统，在高端大型医疗装备系统工程及多治疗模式技术融合方面实现了创新突破，并在高端医用加速器核心模块、一体化智能放射治疗计划系统、实时影像引导、人工智能及光学跟踪等核心技术方面达到国际先进水平；另外，2022 年上海联影医疗研发的一项临床创新"黑科技"——uCT-ART 在线自适应放疗技术（CT-guided adaptive radiotherapy），首次在中

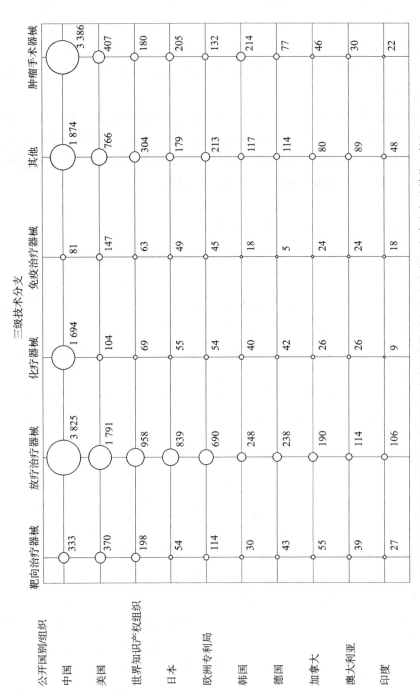

图 3-20 抗肿瘤器械全球主要国家肿瘤治疗器械各分支的专利申请分布（单位：件）

山大学肿瘤防治中心应用，并在肺癌放疗领域率先落地。这项技术为直击癌症装上了"卫星导航"，图像质量更清晰，具备覆盖全身癌种的应用潜力，有望助力肿瘤患者得到准确、高效、个性化的放射治疗；中核集团所属中核安科锐（天津）医疗科技有限责任公司国产高端螺旋断层放疗系统（TOMO C），2023年成功获批国家药品监督管理局颁发的医疗器械注册证，该产品为首款国产螺旋断层放疗产品，是我国高端放疗领域的又一重大突破。TOMO C 系统在高端放疗平台中创新引入千伏级螺旋断层 CT，一举改善传统加速器 CBCT 系统影像不清晰的技术弊端，具有"更高清、更高效、更精准"三大独特优势，为肿瘤患者带来更加精准的个体化治疗。

美国在放射治疗器械领域相关专利申请量为 1791 件，同样较为突出，美国的放射治疗器械历来处于国际领先地位，拥有众多放疗设备生产企业，如瓦里安、GE 医疗、安科锐等，此外，加州大学等众多高校也在放疗设备领域具有长久深入的研究。在美国的众多放疗设备创新主体中，尤以放疗设备领域巨头瓦里安最突出，瓦里安是全球综合放射治疗设备软硬件以及 X 射线诊断设备关键软硬件的供应商。瓦里安在北美、欧洲、中国等地设有 79 个分支机构，在全世界已安装了数千台加速器，每天为数十万名癌症患者提供放射治疗。公司总部位于加利福尼亚州帕洛阿托，是第一家入驻美国加州硅谷的高科技公司，至今仍是硅谷十大科技公司中唯一的一家医疗公司。瓦里安的肿瘤放疗业务主要包括五个方向，即放射外科、放射治疗、质子治疗、近距离高放射治疗和专业服务。瓦里安的 ProBeam® 系统处于行业的前沿，其独创的世界首款商用笔形束扫描系统是目前质子治疗中最精准的方式。用笔形束扫描实施的调强质子治疗（IMPT），其有效性及剂量实施的适形性得到广泛认可，这也是其优于其他质子治疗方法的原因。在 2016 年，瓦里安的治疗类业务全球销售额便达到 24.5 亿美元，远超第二名 13.3 亿美元的瑞典医科达，是当之无愧的放疗市场老大。

除专利布局量排名第一位的中国以及第二位的美国之外，其余专利布局量居前十位的国家或组织，均未超过 1 000 件，其中包括世界知识产权组织958 件、日本 839 件、欧洲专利局 690 件、韩国 248 件、德国 238 件、加拿大190 件、澳大利亚 114 件以及印度 106 件。

3.2.3.3　天津市专利布局重点及热点

表 3-12 展示了天津市抗肿瘤器械重点及热点分支专利布局情况。

表 3-12　天津市抗肿瘤器械重点及热点分支专利布局情况　　　单位：件

一级技术	二级技术		三级技术	
抗肿瘤器械	肿瘤监测器械	95	病情监测器械	45
			电生理监测器械	5
			其他	34
			生理监测器械	11
	肿瘤诊断器械	109	分子影像诊断器械	8
			其他	41
			实验室诊断器械	12
			液体活检诊断器械	2
			影像诊断器械	39
			组织病理学诊断器械	7
	肿瘤治疗器械	156	靶向治疗器械	3
			放射治疗器械	47
			化疗器械	17
			免疫治疗器械	1
			其他	42
			肿瘤手术器械	46

从表 3-12 中可以看出，天津市在抗肿瘤器械方面的专利布局重点与全球以及国内相似，也是在肿瘤治疗器械，共布局相关专利 156 件，其次是肿瘤诊断器械，布局相关专利 109 件，最后是肿瘤监测器械，布局相关专利 95 件。

在肿瘤治疗器械方面，天津市专利布局最突出的同样为放射治疗器械，专利量为 47 件，进一步分析，主要申请人包括天津大学、安科锐公司、天津赛德医药研究院有限公司、天津医科大学以及中国医学科学院，各自的专利布局量分别为 7 件、7 件、6 件、3 件以及 2 件。中核安科锐是中国核工业集团有限公司旗下中国同辐股份有限公司的全资子公司中核高能（天津）装备有限公司与成熟可靠的放射治疗设备生产商美国安科锐公司的旗下安科锐亚洲有限公司于 2019 年 3 月 26 日在天津市东丽开发区合资设立，在中国提供肿瘤精准放射治疗、科技研发、生产及服务的系统解决方案。2023 年中核安科锐成功获批由国家药品监督管理局发布关于中核安科锐国产高端螺旋断层放射治疗系统（TOMO C）项目的医疗器械注册证及医疗器械生产许可证，相较于传统加速器而言，中核安科锐创新的 CT-TOMO 技术首次实现将临床诊断级 CT 影像与螺旋断层 TOMO 放疗系统合二为一，更高清、更高效、更精准。

3.2.3.4 天津市专利布局和国内外的差异对比分析

表 3-13 展示了天津市在肿瘤治疗器械的专利布局和国内外的布局情况。

表 3-13 天津市肿瘤治疗器械专利布局和国内外的布局

肿瘤治疗器械	全球		中国		天津市	
	专利 / 件	占比 /%	专利 / 件	占比 /%	专利 / 件	占比 /%
靶向治疗器械	1 301	5.76	305	2.75	3	1.92
放疗治疗器械	9 368	41.44	3 752	33.87	47	30.13
化疗器械	2 265	10.02	1 697	15.32	17	10.90
免疫治疗器械	504	2.23	57	0.51	1	0.64
其他	4 308	19.06	1 847	16.67	42	26.92
肿瘤手术器械	4 859	21.50	3 420	30.87	46	29.49

从表 3-13 可见，针对抗肿瘤器械目前最受关注的肿瘤治疗器械方向，可以看出，天津市虽然在各个分支领域的专利布局占比均和国内以及全球相似，但是其专利布局数量较少，可见天津市在肿瘤治疗器械方面的研发能力相对比较薄弱。具体地，在靶向治疗器械以及免疫治疗器械的专利布局数量依次为 3 件、1 件，可见这两个方向的技术研究较少；另外，对于最热门的放疗治疗器械，天津市还是以天津大学、天津医科大学的科研产出成果为主，有待进一步实现技术转化，近几年落户于天津市的中核科锐安有望为天津市未来几年的放疗设备发展带来更多的可能性。

3.2.4 创新主体竞争格局分析

3.2.4.1 全球创新主体分析

图 3-21 展示了抗肿瘤器械领域相关专利申请量排名前 20 名的申请人，由图可知，排名前五名的创新主体中有四家均为发达国家的公司，分别为飞利浦、西门子、东芝公司以及日立。飞利浦相关专利申请量为 1 012 件，遥遥领先于其他企业，位居第一名。其在肿瘤治疗器械、肿瘤诊断器械以及肿瘤监测器械领域均有涉及，且技术领先。例如，分子成像设备、CT 检查设备、心电

图设备、呼吸护理设备以及放疗设备等众多领域均有较为前沿的技术研发，近年来又开始将其医疗解决方案引入云服务以及大数据技术，使得其相关设备更加现代化、智能化；西门子医疗是全球知名的医疗科技公司，近130年来，一直引领着医疗科技的创新，在抗肿瘤器械领域也一直处于全球领先地位，其在该领域的专利申请量为758件。同样在其新一代医疗技术发展中日益发挥重要作用的基于人工智能的应用和数字化产品进一步夯实在体外诊断、影像引导的治疗、体内诊断和新型癌症诊疗等领域的基础，其主要产品包括CT计算机断层扫描仪、磁共振成像、血管造影设备、分子影像设备、X射线摄影、乳腺X射线摄影、超声诊断系统以及移动式C形臂X射线机等。来自日本的东芝公司以及日立在抗肿瘤器械领域的专利申请量分别居于第三位（579件）、第四位（511件）；我国的上海联影医疗跻身该领域专利申请量的第五名，可见其在该领域的技术研发中同样处于领先地位，自主研发的高性能医学影像诊断与治疗设备、生命科学仪器，以及覆盖"基础研究—临床科研—医学转化"全链条的创新解决方案。

另外我国的西安大医集团、中科院、上海交通大学同样也位于前20名之列，专利申请量依次为289件、224件以及169件，与上海联影医疗一起为近年来中国抗肿瘤器械的发展作出较大的技术贡献。

放疗设备领域的两大巨头医科达以及瓦里安公司在该领域的专利申请量分列第七位以及第九位，分别为374件以及344件。

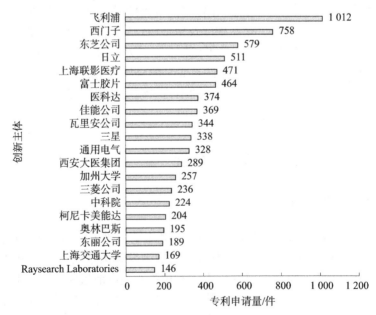

图3-21　抗肿瘤器械全球主要申请人排名

如图 3-22 所示，在肿瘤治疗器械方面，两大巨头医科达以及瓦里安公司分列第一、第二位，专利申请量依次为 348 件、308 件。西门子排名第三位，专利申请量为 304 件。我国的西安大医集团位列第五，专利申请量为 276 件。

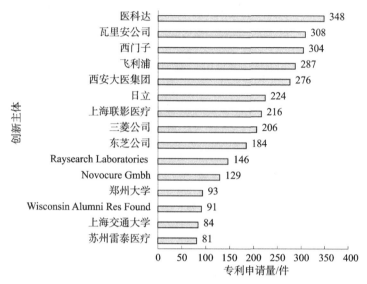

图 3-22 肿瘤治疗器械全球主要申请人排名

如图 3-23 所示，在肿瘤诊断器械方向，排名前五位的创新主体依次为飞利浦、西门子、东芝公司、富士胶片以及日立，专利申请量依次为 679 件、444 件、408 件、376 件以及 286 件。

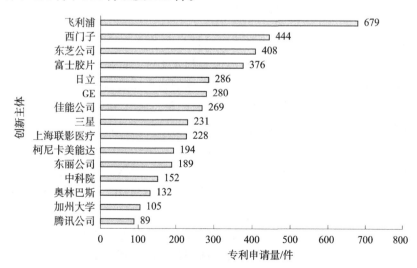

图 3-23 肿瘤诊断器械全球主要申请人排名

如图 3-24 所示，肿瘤监测器械方向，飞利浦同样位居第一，专利申请量为 138 件；紧随其后的是富士胶片，专利申请量为 114 件；加州大学、西门子分列第三、第四位，专利申请量分别为 93 件、81 件，来自我国的个人申请主体李榕生以 61 件专利申请量排名第五（经核实，其所有专利均已撤销申请）。

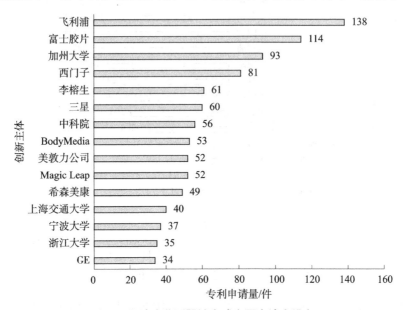

图 3-24　肿瘤监测器械全球主要申请人排名

3.2.4.2　中国创新主体分析

图 3-25 展示了抗肿瘤器械专利申请量排名前十五位的中国申请人，由图可知，排名第一的上海联影医疗共申请专利 471 件，远高于其他创新主体的专利申请量。此外上海联影医疗在该领域全球创新主体排名中位列第五名，可见上海联影医疗在所有国内创新主体中具有明显的技术领先优势。上海联影医疗最核心的产品是一系列高性能医学影像诊断设备，且在国际领域处于领先地位，2023 年 6 月，上海联影医疗携最新扛鼎之作——Panorama 全家族产品、全球首台数字化脑专用 PET-CT NeuroEXPLORER（NX）重磅登陆全球分子影像领域最大规模、最具影响力的学术年会 2023 SNMMI，NX 一经亮相便备受瞩目；排名第二至第四位的创新主体分别为西安大医集团共申请专利 289 件、中科院共申请专利 223 件、上海交通大学共申请相关专利 169 件，值得一提的是，这三家创新主体同样位列该领域全球创新主体专利申请量的前 20 名之列。

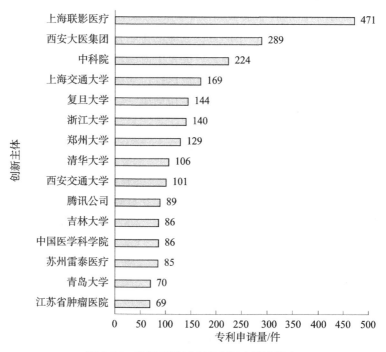

图 3-25 抗肿瘤器械中国主要申请人排名

在所有排名前 15 位的中国申请人中，高校共有 9 位，占据了半数以上的席位，除了上海交通大学外，还包括复旦大学、浙江大学、郑州大学、清华大学、西安交通大学、吉林大学以及青岛大学。由此可见，高校在抗肿瘤器械的技术创新发展中承担着重要的研究角色，高校与企业之间的合作也较为紧密，校企合作既可以助力企业技术研发，也可以加快高校专利技术的转移实施，实现双赢。

除上述创新主体外，专利申请量前十五名的中国申请人还包括腾讯公司、苏州雷泰医疗以及江苏省肿瘤医院。腾讯得益于其在互联网、大数据、云计算以及人工智能领域的技术积累，与众多高校或企业之间通过合作来助力其在抗肿瘤器械领域的发展。2023 年 2 月 27 日，复旦大学附属肿瘤医院与腾讯公司成立肿瘤专科"AI 大数据联合实验室"，以计算机人工智能和大数据技术为核心，瞄准大数据平台与自然语言处理、精准医疗、计算机视觉、肿瘤知识库、AI 智能助手五大领域，共同探索医疗人工智能和大数据的新技术、新场景、新应用，全面助力提升医院智能化水准，为患者提供更优质的医疗服务，为临床科研提供更强大的科研平台。2023 年 4 月，腾讯与北京大学肿瘤医院合作，在宁夏启动了名为"中国上消化道恶性肿瘤精准防治先行示范项目"的计划。

表 3-14 展示了在抗肿瘤器械领域不同的二级分支领域排名前十位的中国申请人，通过该表可以看出，不同分支领域的排名存在差异，在肿瘤治疗器械方向西安大医集团位居第一，紧随其后的是上海联影医疗，专利申请量与其差异不大；在肿瘤诊断器械方向，上海联影医疗位居第一，中科院排名第二；在肿瘤监测器械方向，个人申请主体李榕生位居第一，中科院排名第二位。

表 3-14　抗肿瘤器械二级分支中国专利申请量排名　　　　　　单位：件

肿瘤治疗器械		肿瘤诊断器械		肿瘤监测器械	
中国申请人	专利申请量	中国申请人	专利申请量	中国申请人	专利申请量
西安大医集团	276	上海联影医疗	228	李榕生	61
上海联影医疗	216	中科院	152	中科院	56
郑州大学	93	腾讯公司	89	上海交通大学	40
上海交通大学	84	清华大学	72	宁波大学	37
苏州雷泰医疗	81	浙江大学	70	浙江大学	35
复旦大学	78	李榕生	68	复旦大学	32
西安交通大学	63	上海交通大学	65	山东大学	29
江苏省肿瘤医院	58	深圳先进技术研究院	64	杜比医疗	29
中科院	56	复旦大学	54	郑州大学	28
深圳爱博医疗	52	宁波大学	44	重庆大学	26

3.2.4.3　天津市创新主体分析

由图 3-26 可知，天津市的创新主体以高校和科研院所为主，高校主体中包括天津大学、天津医科大学、南开大学，科研院所包括中国医学科学院以及天津市泌尿外科研究所。其中，天津大学的专利申请量最多，为 53 件，其次是天津医科大学，共计 27 件。紧随其后的中国医学科学院，专利申请量为 17 件，而作为企业的天津市鹰泰利安康医疗科技有限责任公司共申请专利 14 件，排名第四位。天津市鹰泰利安康医疗科技有限责任公司是由天津赛象创投投资的高科技创新医疗企业，是上海远山医疗科技有限责任公司全资子公司。公司汇聚了天津赛象科技、南开大学、天津医科大学和中国医学科学院生物医学工程研究所的一批高素质科技人才，建立了一支具有极强研发和产业化的团队。自 2014 年成立以来，聚焦高端医疗设备，研发并转化了用于精准化介入手术的基于 CT 图像的手术导航系统和世界上最先进的用于胰腺、肝脏等肿瘤消融的陡脉冲治疗仪，这两个项目填补了国内空白。

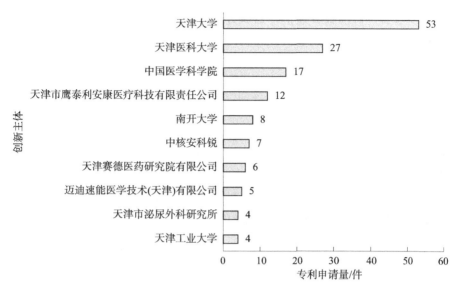

图 3-26　抗肿瘤器械天津主要申请人专利申请排名

总体来看，抗肿瘤器械目前尚未在天津市形成产业化规模，目前还均在探索阶段，其企业的研发实力相对较弱，创新产出能力较弱，在行业竞争中缺乏专利控制力。

3.2.4.4　天津市创新主体和国内外创新主体专利布局差异对比分析

表 3-15 展示了天津市创新主体和国内外创新主体专利布局差异对比，从该表可以看出，针对肿瘤治疗器械、肿瘤诊断器械以及肿瘤监测器械三个领域，全球的专利申请量占比为 40.32%、38.62% 以及 21.06%，中国的专利申请量占比为 53.82%、28.07% 以及 18.21%，天津市的专利申请量占比为 43.87%、29.91% 以及 26.22%。可见，天津市创新主体的专利布局结构和国内以及全球相似，肿瘤治疗器械领域专利数量占比最大，肿瘤诊断器械次之，肿瘤检测器械相对较少。可见在全球范围内，均以肿瘤治疗器械作为抗肿瘤器械行业的专利布局重点。

表 3-15　抗肿瘤器械各二级分支天津市申请人和国内外申请人专利申请分布

二级技术分支	全球		中国		天津市	
	专利 / 件	占比 /%	专利 / 件	占比 /%	专利 / 件	占比 /%
肿瘤治疗器械	22 367	40.32	10 597	53.72	154	43.87
肿瘤诊断器械	21 423	38.62	5 537	28.07	105	29.91
肿瘤监测器械	11 678	21.06	3 592	18.21	92	26.22

总体来看，目前在肿瘤治疗器械方面，天津市的创新主体目前的专利布局相对较弱，专利申请量较少，创新力不足、研发投入不足、产品市场空间受限。

3.2.4.5　天津医科大学与全国其他高校专利布局差异对比

图 3-27 中将天津医科大学与国内专利申请量排名前三位的高校在各领域的专利布局情况进行了对比，由图可知，专利申请量排名前三位的国内高校依次为上海交通大学、复旦大学以及浙江大学。上海交通大学以及复旦大学在三个分支领域的布局比重较为相似，均是以癌症治疗器械作为核心方向，布局专利最多，而天津医科大学则与浙江大学的布局较为相似，两所高校专利布局比重最大的均为肿瘤诊断器械领域。

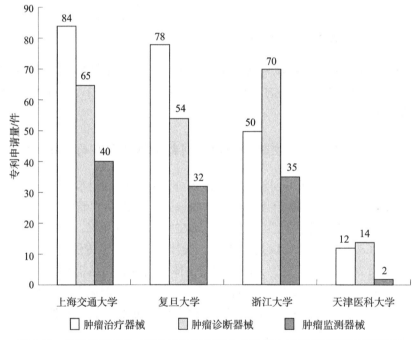

图 3-27　抗肿瘤器械各二级分支天津医科大学和国内其他高校专利申请分布

另外，从专利布局数量来看，天津医科大学在抗肿瘤器械行业的专利量较之于排名前三位的国内高校而言差距较大，尤其是在肿瘤检测器械领域，天津医科大学仅布局 2 件专利，可见该领域目前并非天津医科大学的优势，未来仍有较大的发展空间。

3.2.5　专利运营活跃度情况分析

3.2.5.1　中国专利转让 / 许可 / 质押分析

表 3-16 反映了中国专利各技术分支的运营情况。

可以看出，中国专利运营主要是权利转移，其中肿瘤治疗器械分支的权利转移数量最多。主要是因为肿瘤治疗器械在中国的专利布局数量也最多，即基数大，通过并购企业、收购专利等方式获得专利也是多数企业会采用的增强自身专利优势的策略，另外专利转让也经常作为高校科研成果转化的重要途径；涉及质押、许可以及无效的专利量相对较少，这主要与本领域内专利价值评估的难度以及不确定性相关，国内环境较难完成对于专利价值的准确评估，使得专利的质押、许可这类直接涉及经济利益的运营行为相对较少；从涉及诉讼的专利量来看，肿瘤治疗器械有 11 件专利涉及诉讼，值得关注，而肿瘤诊断器械以及肿瘤监测器械涉及诉讼的专利量均为 0，可见这两个领域在国内范围发生诉讼的情况较少。

表 3-16　抗肿瘤器械中国专利运营数据

技术二级	转让 /件	质押 /件	许可 /件	诉讼 /件	无效 /件	合计 /件	专利 总量 / 件	合计 占比 /%
肿瘤治疗器械	544	26	40	11	5	626	11 071	5.65
肿瘤诊断器械	387	34	23	0	4	448	6 065	7.39
肿瘤监测器械	233	20	12	0	1	266	3 795	7.01

从各个领域涉及运营行为的专利量占其本领域专利总量的比例来看，肿瘤诊断器械领域的占比最高，为 7.39%，肿瘤监测器械次之，占比为 7.01%，不同于数量上的对比情况，相较于上述两个分支领域，肿瘤治疗器械领域涉及运营行为的专利量占该领域专利总量的比例反而相对较低，仅为 5.65%。

3.2.5.2　天津专利转让、许可、质押分析

表 3-17 反映了天津市专利各技术分支的运用情况，可以看出，天津市专利运用主要方式也是权利转移，其中肿瘤治疗器械分支的权利转移数量最多，共有 8 件专利，该领域涉及许可以及无效的专利量均为 1 件，在质押以及诉讼方面不涉及相关专利；肿瘤诊断器械以及肿瘤监测器械分支在运用方面仅涉及

专利转让，相应专利数量分别为 3 件以及 4 件，而在质押、许可、诉讼以及无效方面均不涉及。

表 3-17　抗肿瘤器械天津专利运营数据

技术二级	转让/件	质押/件	许可/件	诉讼/件	无效/件	合计/件	专利总量/件	合计占比/%
肿瘤治疗器械	8	0	1	0	1	10	154	6.49
肿瘤诊断器械	3	0	0	0	0	3	105	2.86
肿瘤监测器械	4	0	0	0	0	4	92	4.35

从各个领域涉及运营行为的专利量占其本领域专利总量的比例来看，与中国抗肿瘤器械专利运用情况存在一定差异，天津市占比最高的为肿瘤治疗器械，占比为 6.49%。

总体来看，天津市创新主体的相关专利本身数量较少，涉及专利运营的数量更少，鉴于更多的相关企业落地天津市，加之企业与企业以及企业与高校之间的合作愈加紧密，未来在专利运用方面天津市仍有较大的提升空间。

3.2.6　创新人才储备分析

3.2.6.1　中国发明人分析

图 3-28 展示了抗肿瘤器械领域专利申请量排名前 15 位的中国发明人，李榕生作为发明人共申请专利 132 件，遥遥领先于其他发明人。经查询，李榕生为宁波大学教授，相关专利技术方向相似度较高，为肿瘤标志物检测用微流控芯片相关技术，但其作为个人申请人申请的相关专利目前全部为撤回失效状态，具体原因未知。排名第二位的姚毅共参与专利发明 77 件，该发明人来自苏州雷泰医疗科技有限公司。来自西安大医集团的发明人刘海峰以及闫浩则分别参与专利发明 68 件、59 件，排名分别为第三、第五位，排名第四位的田捷来自中国科学院自动化研究所，共参与相关专利发明 60 件。

3.2.6.2　天津市发明人分析

图 3-29 展示了抗肿瘤器械领域专利申请量排名前 15 位的天津市发明人，来自天津赛德医药研究院有限公司的阎尔坤以及来自天津大学的高峰排名并列

第一位，均涉及 10 件相关专利的发明设计；排名第三位的发明人白红升来自天津赛德医药研究院有限公司，为企业研发人员；来自中国医学科学院生物医学工程研究所的李迎新以及来自天津大学的赵会娟排名并列第四位，涉及 7 件专利的发明设计；其余几位发明人均参与 6 件专利的发明设计，其中刘志朋来自中国医学科学院生物医学工程研究所。

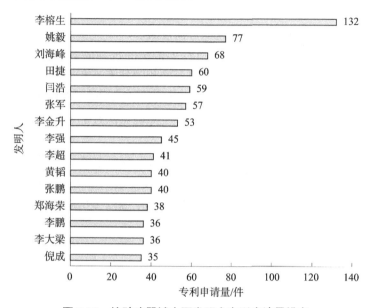

图 3-28　抗肿瘤器械中国发明人专利申请量排名

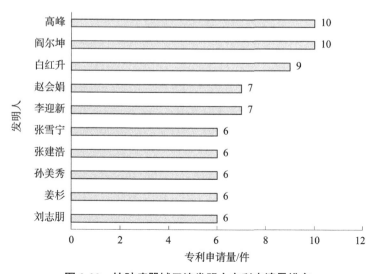

图 3-29　抗肿瘤器械天津发明人专利申请量排名

3.2.7 小结

从全球抗肿瘤器械相关专利申请趋势看，1980 年之前为技术起步期，技术发展较为缓慢，1980—2010 年开始呈逐步上升趋势，技术发展开始不断突破。自 2010 年至今，抗肿瘤器械领域的专利申请量激增，一个原因是技术本身仍在不断突破，另一个原因是随着云计算、大数据的发展，传统的抗肿瘤器械开始与之相结合，向更加智能化的方向发展。

美国、日本、韩国、德国以及荷兰等传统的抗肿瘤器械技术强国依旧保持领先地位，但随着近年来中国自主研发的相关技术不断取得突破，从专利申请量来看，中国也已处于领先位置，一些国内企业开始逐渐发力实现部分高端抗肿瘤器械的国产化，甚至走向世界，如上海联影医疗的肿瘤诊断器械以及西安大医集团的放射治疗器械等。

经济发达国家或地区仍旧是各大抗肿瘤医疗器械企业的主要目标市场，中国经济发展飞速，人口基数大，医疗水平较发达国家依旧存在一定的差距，目前高端抗肿瘤器械需求旺盛，因此中国也是全球众多抗肿瘤器械领域头部企业不可或缺的重要市场。

第 4 章　　重点技术领域分析

本章对抗肿瘤产业领域重点技术小分子靶向药、单抗类药物、肿瘤治疗器械、肿瘤诊断器械，从技术路线、主要创新主体、重点专利角度进行分析，旨在揭示抗肿瘤产业领域重点技术的发展路径和关键技术节点。

4.1　小分子靶向药

4.1.1　技术路线分析

自诺华于 21 世纪初推出全球首个蛋白激酶抑制剂类抗肿瘤药伊马替尼以来，已有 30 余种蛋白激酶抑制剂在国内外上市，在极大改善肿瘤患者治疗状况的同时，也为药品研发企业带来了丰厚的商业回报，多个蛋白激酶抑制剂均实现了"重磅炸弹"级别的销售额，表 4-1 以热门小分子靶向药的批准时间为时间轴进行了小分子靶向药的核心专利的梳理。

表 4-1　小分子靶向药专利技术路线梳理

序号	公开号 / 申请号	药物	专利权人	申请日	标题
1	CN93103566.X		诺华	1993-04-02	嘧啶衍生物及其制备方法和用途
2	CN98807303.X	伊马替尼	诺华	1998-07-16	N-苯基-2-嘧啶胺衍生物的结晶变体，其制备方法和应用
3	CN01817895.2		诺华	2001-10-26	胃肠基质肿瘤的治疗

续表

序号	公开号/申请号	药物	专利权人	申请日	标题
4	CN96193526.X	吉非替尼	阿斯利康（英国）有限公司	1996-04-23	喹唑啉衍生物
5	WO2003072108		阿斯利康（英国）有限公司	2003-02-24	Novel crystalline forms of the Anti-cancer compound zd1839
6	CN03809162.3		阿斯利康（瑞典）有限公司	2003-02-24	新型晶形抗癌化合物 ZD1839
7	CN200710182397.0		阿斯特拉曾尼卡有限公司	2003-02-24	抗癌化合物 ZD1839 的新晶形、其制备方法及含该晶形的药用组合物
8	CN03804616.4		阿斯利康（瑞典）有限公司	2003-02-24	含有水溶性纤维素衍生物的 IRESSA 药物制剂
9	CN96102992.7	厄洛替尼	辉瑞产品公司|OSI 制药有限责任公司	1996-03-28	喹唑啉衍生物
10	US6900221		OSI PHARMA LLC	2000-11-09	Stable polymorph on N-(3-ethynylphenyl)-6,7-bis (2methoxyethoxy)-4-quinazolinamine hydrochloride, methods of production,and pharmaceutical uses thereof
11	CN00802685.8	索拉非尼	拜耳医药保健有限责任公司	2000-01-12	用 ω-羧基芳基取代的二苯脲作为 raf 激酶抑制剂
12	US8877933		拜耳医药保健有限公司拜耳先灵制药公司	2005-09-20	Thermodynamically stable form of a tosylate salt

序号	公开号/申请号	药物	专利权人	申请日	标题
13	US9737488	索拉非尼	拜耳医药保健有限公司	2006-02-22	Pharmaceutical composition for the treatment of cancer
14	CN01807269.0	舒尼替尼	苏根有限责任公司|法玛西亚普强有限公司	2001-02-15	吡咯取代的2-二氢吲哚酮蛋白激酶抑制剂
15	CN200510128624.2		法玛西雅尼普约翰美国公司	2002-08-13	2,4-二甲基-1H-吡咯-3-甲酰胺衍生物的苹果酸盐的晶体、其制备方法和其组合物
16	CN00806206.4		百时美施贵宝公司	2000-04-12	环状蛋白酪氨酸激酶抑制剂
17	CN200580011916.		百时美施贵宝爱尔兰控股无限责任公司	2005-02-04	作为激酶抑制剂的2-氨基噻唑-5-芳香族甲酰胺的制备方法
18	CN99803887.3	拉帕替尼	诺华	1999-01-08	二环杂芳族化合物、其制备方法以及用途
19	CN01812051.2		诺华	2001-06-28	喹唑啉二甲苯磺酸盐化合物
20	US8821927		诺华	2006-04-18	Pharmaceutical composition
21	CN03818728.0	尼洛替尼	诺华	2003-07-04	酪氨酸激酶抑制剂
22	US8163904		诺华	2006-07-18	Salts of 4-methyl-*N*-[3-(4-methyl-imidazol-1-yl)-5-trifluoromethyl-phenyl]-3-(4-pyridin-3-yl-pyrimidin-2-ylamino)-Benzamide

序号	公开号/申请号	药物	专利权人	申请日	标题
23	US9061029	尼洛替尼	诺华	2010-11-17	Method of treating proliferative disorders and other pathological conditions mediated by Bcr-Abl,c-Kit,DDR1,DDR2 or PDGF-R kinase activity
24	CN01822750.3	培唑帕尼	诺华	2001-12-19	作为血管生成调节剂的嘧啶胺
25	CN00815310.8	Vandetanib	建新公司	2000-11-01	作为 VEGF 抑制剂的喹唑啉衍生物
26	US8067427		建新公司	2005-05-18	Pharmaceutical compositions comprising ZD6474
27	CN201110084299.X	vemurafenib	普莱希科公司	2006-06-21	作为蛋白质激酶抑制剂的吡咯并 [2,3-B] 吡啶衍生物
28	US8741920		弗哈夫曼拉罗切有限公司	2012-09-13	Process for the manufacture of pharmaceutically active compounds
29	CN201310167961.7	克唑替尼	苏根有限责任公司	2004-02-26	作为蛋白激酶抑制剂的氨基杂芳基化合物
30	CN200580028818.3		辉瑞公司	2005-08-15	作为蛋白激酶抑制剂的对映异构体纯的氨基杂芳基化合物
31	US8217057		辉瑞公司	2006-11-23	Polymorphs of a c-MET/HGFR inhibitor
32	CN201310058988.2	Ruxolitinib-phosphate	因塞特控股公司	2006-12-12	作为两面神激酶抑制剂的杂芳基取代的吡咯并 [2,3-b] 吡啶和吡咯并 [2,3-b] 嘧啶
33	CN200880102903.3		因塞特控股公司	2008-06-12	詹纳斯激酶抑制剂 (R)-3-(4-(7H- 吡咯并 [2,3-d] 嘧啶 -4- 基)-1H- 吡唑 -1- 基)-3- 环戊基丙腈的盐

序号	公开号 / 申请号	药物	专利权人	申请日	标题
34	CN201310058991.4	Ruxolitinib-phosphate	因塞特控股公司	2006-12-12	作为两面神激酶抑制剂的杂芳基取代的吡咯并 [2,3-b] 吡啶和吡咯并 [2,3-b] 嘧啶
35	CN201310059187.8		因塞特控股公司	2006-12-12	作为两面神激酶抑制剂的杂芳基取代的吡咯并 [2,3-b] 吡啶和吡咯并 [2,3-b] 嘧啶
36	CN00809821.2	阿昔替尼	阿古龙制药有限责任公司	2000-06-30	抑制蛋白激酶的吲唑化合物和药物组合物及它们的用法
37	US8791140		辉瑞公司	2008-03-25	Crystalline forms of 6-[2-(methylcarbamoyl) phenylsulfanyl]-3-E-[2-(pyridin-2-yl)ethenyondazole suitable for the treatment of abnormal cell growth in mammals
38	US7141581		辉瑞公司｜阿古龙制药有限公司	2003-08-12	Indazole compounds and pharmaceutical compositions for inhibiting protein kinases, and methods for their use
39	CN01807202.X	博舒替尼	惠氏公司	2001-03-28	作为蛋白激酶抑制剂的 3- 氰基喹啉、3- 氰基 -1,6- 二氮杂萘和 3- 氰基 -1,7- 二氮杂萘
40	CN200680031171.4		惠氏公司	2006-06-28	4-[(2,4- 二氯 -5- 甲氧基苯基）氨基]-6- 甲氧基 -7-[3-(4- 甲基 -1- 哌嗪基）丙氧基]-3- 喹啉甲腈的晶型及其制备方法

续表

序号	公开号/申请号	药物	专利权人	申请日	标题
41	CN200480021091.1	瑞戈非尼	拜耳医药保健有限责任公司	2004-07-22	用于治疗和预防疾病和疾病症状的氟代 ω-羧芳基二苯基脲
42	US9957232		拜耳医药保健有限公司	2007-09-29	4-[4-({[4-chloro-3-(trifluoromethyl)phenyl]carbamoyl}amino)-3-fluorophenoxy]-N-methylpyridine-2-carboxamide monohydrate
43	US9458107		拜耳医药保健有限公司	2014-04-15	Process for the preparation of 4-{4-[({[4 chloro-3-(trifluoromethyl)-phenyl]amino}carbonyl)amino]-3-fluorphenoxy-N-ethylpyridie-carboxamide, its salts and monohydrate
44	US7579473	卡博替尼	埃克塞里艾克西斯公司	2009-02-26	c-Met modulators and methods of use
45	US8877776		埃克塞里艾克西斯公司	2010-01-15	(L)-malate salt of N-(4-{[6,7-bis(methyloxy)quinolin-4-yl]oxy}phenyl)-N'-(4-fluorophenyl)cyclopropane-1,1-dicarboxamide
46	CN200980126781.6	Dabrafenib-Mesylate	诺华	2009-05-04	苯磺酰胺噻唑和噁唑化合物
47	CN201010249765.0	Trametinib-Dimethyl-Sulfoxide-	日本烟草产业株式会社	2005-06-10	用于治疗癌症的 5-氨基-2,4,7-三氧代-3,4,7,8-四氢-2H-吡啶并[2,3-d]嘧啶衍生物和相关化合物

序号	公开号/申请号	药物	专利权人	申请日	标题
48	CN200580026666.3	Trametinib-Dimethyl-Sulfoxide-	日本烟草产业株式会社	2005-06-10	用于治疗癌症的 5- 氨基 -2,4,7- 三氧代 -3,4,7,8- 四氢 -2H- 吡啶并 [2,3-d] 嘧啶衍生物和相关化合物
49	US9155706		诺华	2013-12-11	Pharmaceutical composition
50	CN01820866.5		勃林格殷格翰法玛两合公司	2001-12-12	喹唑啉衍生物，含该化合物的药物组合物，其用途及其制备方法
51	US8426586		勃林格殷格翰国际有限公司	2006-07-14	Process for preparing amino crotonyl compounds
52	US10004743	阿法替尼	勃林格殷格翰国际有限公司	2016-12-07	Process for drying of BIBW2992, of its salts and of solid pharmaceutical formulations comprising this active ingredient
53	US8545884		勃林格殷格翰国际有限公司	2009-06-05	Solid pharmaceutical formulations comprising BIBW 2992
54	US9539258		勃林格殷格翰国际有限公司	2015-06-15	Quinazoline derivatives for the treatment of cancer diseases
55	CN200680056438.5		药品循环有限公司	2006-12-28	布鲁顿酪氨酸激酶的抑制剂
56	US10106548	伊布替尼	药品循环有限责任公司	2018-02-20	Crystalline forms of a Bruton's tyrosine kinase inhibitor
57	CN200780051064.2	塞瑞替尼	IRM 有限责任公司	2007-11-20	作为蛋白激酶抑制剂的化合物和组合物
58	US7208489				
59	CN201480009556.5	哌柏西利	辉瑞大药厂	2014-02-08	选择性 CDK4/6 抑制剂的固态形式

序号	公开号/申请号	药物	专利权人	申请日	标题
60	CN01819710.8		卫材株式会社	2001-10-19	含氮芳环衍生物
61	US7612208	仑伐替尼	卫材 R&D 管理有限公司	2004-12-22	Crystalline form of the salt of 4-(3-chloro-4-(cyclopropylaminocarbonyl)aminophenoxy)-7-methoxy-6-quinolinecarboxamide or the solvate of the salt and a process for preparing the same
62	US10259791		卫材 R&D 管理有限公司	2015-08-26	High-purity quinoline derivative and method for manufacturing same
63	CN200680044947.6		埃克塞里艾克西斯公司	2006-10-05	作为用于治疗增生性疾病的 MEK 抑制剂的吖丁啶
64	CN201680039354.4	Cobimetinib-fumarate	埃克塞里艾克西斯公司	2016-06-30	（S）[3,4-二氟-2-(2-氟-4-碘苯基氨基）苯基][3-羟基-3-(哌啶-2-基）氮杂环丁烷-1-基]甲酮的结晶反丁烯二酸盐
65	CN201280033773.9	奥希替尼	阿斯利康（瑞典）有限公司	2012-07-25	2-(2,4,5-取代苯胺）嘧啶衍生物作为 EGFR 调谐子用于治疗癌症
66	US10183020				
67	CN201080025574.4		中外制药株式会社	2010-06-09	四环化合物
68	CN201580020748.0	阿来替尼	中外制药株式会社	2015-04-24	四环化合物的新结晶
69	US9365514		中外制药株式会社	2011-08-19	Composition comprising tetracyclic compound

序号	公开号/申请号	药物	专利权人	申请日	标题
70	US7399865	Neratinib-Maleate	惠氏公司	2004-09-10	Protein tyrosine kinase enzyme inhibitors
71	US8518446		惠氏公司	2010-11-05	Coated tablet formulations and uses thereof
72	CN200980151778.X	Abemaciclib	美国礼来大药厂	2009-12-15	蛋白激酶抑制剂
73	CN200980141314.0	Ribociclibsuccinate	诺华|阿斯泰克斯治疗有限公司	2009-08-20	作为 CDK 抑制剂的吡咯并嘧啶化合物
74	US9193732		诺华|阿斯泰克斯治疗有限公司	2011-11-09	Salt(s)of 7-cyclopentyl-2-(5-piperazin-1-yl-pyridin-2-ylamino)-7H-pyrrolo[2,3-D]pyrimidinc-6-carboxylic acid dimethylamide and processes of making thereof
75	CN200580014517.5	Dacomitinibmonohydrate	沃尼尔·朗伯有限责任公司	2005-04-25	4-苯胺基-喹唑啉-6-基-酰胺类化合物
76	CN03810754.6	Binimetinib	亚雷生物制药股份有限公司|阿斯利康制药有限公司	2003-03-13	作为 MEK 抑制剂的 N3 烷基化苯并咪唑衍生物
77	US9562016		亚雷生物制药股份有限公司	2015-12-18	Preparation of and formulation comprising a MEK inhibitor

序号	公开号/申请号	药物	专利权人	申请日	标题
78	CN201080038197.8		亚雷生物制药公司	2010-08-27	作为蛋白激酶抑制剂的化合物和组合物
79	US9387208	Encorafenib	亚雷生物制药股份有限公司	2012-11-21	Pharmaceutical formulations of (S)-methyl (1-((4-(3-(5-chloro-2-fluoro-3-(methylsulfonamido) phenyl)-1-isopropyl-1H-pyrazol-4-yl)pyrimidin-2-yl)amino)propan-2-yl) carbamate
80	CN201380012703.X	Lorlatinib	辉瑞公司	2013-02-20	用于治疗增殖性疾病的大环衍生物
81	CN201180021785.5	Erdafitinib	阿斯特克斯治疗有限公司	2011-04-28	吡唑基喹喔啉激酶抑制剂
82	CN200780050245.3	Pexidartinibhy-drochloride	普莱希科公司	2007-11-20	调节 c-fms 和/或 c-kit 活性的化合物及其应用
83	CN201680025494.6		普莱希科公司	2016-05-05	调节激酶的化合物的固体形式
84	CN200880025455.1		内尔维阿诺医学科学有限公司	2008-07-08	作为具有激酶抑制剂活性的取代的吲唑衍生物
85	CN201380026532.6	Entrectinib	内尔维阿诺医学科学有限公司	2013-05-22	N-[5-(3,5-二氟-苄基)-1H-吲唑-3-基]-4-(4-甲基-哌嗪-1-基)-2-(四氢-吡喃-4-基氨基)-苯甲酰胺的制备方法

序号	公开号 / 申请号	药物	专利权人	申请日	标题
86	CN200680049966.8	Fedratinibhy-drochloride	塔格根公司	2006-10-26	激酶的联-芳基间-嘧啶抑制剂

从表 4-1 中可以看出，自诺华于 2001 年 10 月推出全球首个蛋白激酶抑制剂类抗肿瘤药伊马替尼以来，已有 30 余种蛋白激酶抑制剂在国内外上市，多个蛋白激酶抑制剂的相继出现将小分子靶向药物的发展推向了高潮。阿斯利康在 2003 年推出的吉非替尼适应于携带 EGFR 外显子 19 缺失或外显子 21L858R 取代突变的转移性非小细胞肺癌的一线治疗，吉非替尼的全球销售额于 2013 年达到峰值，为 5.45 亿美元。2004 年，罗氏推出的盐酸厄洛替尼适应于携带 EGFR 外显子 19 缺失或外显子 21L858R 取代突变、而且正在接受一线治疗或既往治疗后病情进展而正在使用二线或更高线治疗的转移性非小细胞肺癌患者。2005 年，拜耳推出的甲苯磺酸索拉非尼适应于放射碘难治疗的局部晚期或转移性、进展性的分化型甲状腺癌。2006 年，辉瑞推出的苹果酸舒尼替尼，适应于既往甲磺酸伊马替尼治疗失败或对其不耐受的胃肠道基质瘤（GIST）、晚期肾细胞癌（RCC）、肾切除术后易复发的成年 RCC 患者的辅助治疗、晚期胰腺神经内分泌瘤（pNET）。2007 年，葛兰素史克推出的甲苯磺酸拉帕替尼适应于联合卡培他滨治疗肿瘤过度表达 HER2 而且既往接受过蒽醌类、紫杉烷类与曲妥珠单抗治疗的晚期或转移性乳腺癌患者。2009 年，葛兰素史克推出的盐酸培唑帕尼适应于既往接受过一种化疗治疗的晚期软组织瘤。2011 年，阿斯利康推出的 Vandetanib 适应于呈不可手术切除性的局部晚期或转移性的症状性或进展性甲状腺髓样瘤。后续也相继出现了各种类型的小分子靶向药物，如在 2015 年阿斯利康推出的甲磺酸奥希替尼适应于携带 EGFR 外显子 19 缺失或外显子 21 L858R 突变的转移性非小细胞肺癌的一线治疗和接受 EGFR 酪氨酸激酶抑制剂治疗时或之后病情进展的转移性 EGFR T790M 突变阳性的非小细胞肺癌。2017 年，礼来推出的 Abemaciclib 适应于联合芳香酶抑制剂作为初始的内分泌疗法治疗绝经期后的 HR- 阳性、HER2 阴性的晚期或转移性乳腺癌患者、联合氟维司群治疗内分泌治疗后病情进展的 HR 阳性、HER2 阴性的晚期或转移性乳腺癌、单独给药治疗既往采用内分泌疗法与化疗治疗转移性疾病的 HR 阳性、HER2 阴性的晚期或转移性乳腺癌。2018 年，辉瑞推出的 Dacomitinib monohydrate 适应于携带 EGFR 外显子 19 缺失或外显子 21 L858R 取代突变的转移性非小细胞肺癌的一线治疗。2019 年新基推出的 Fedratinib

hydrochloride 适应于原发性或继发性的骨髓纤维化。在各种药物的更新迭代上，各企业也进行了相应的专利申请，了解上述小分子靶向药的技术路线发展的重点原研药的专利布局，不仅有助于规避侵权风险，而且能为自身的专利布局提供借鉴与参考。

4.1.2 创新主体分析

图 4-1 展示了小分子靶向药专利排名前 10 位的全球申请人。

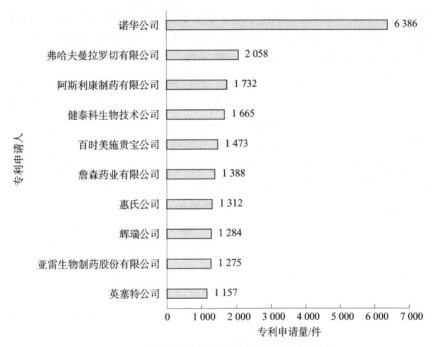

图 4-1　小分子靶向药排名前十位的专利申请人

从图 4-1 可以看出，排名前十位的申请人均为欧洲、美国、日本等的大型药企，说明欧洲、美国、日本的大型药企在小分子靶向药方面的垄断地位非常突出，其中诺华的专利申请量明显高于其他申请人，甚至比排名第二位的弗哈夫曼拉罗切高 2 倍以上，而第三梯队的专利申请人为阿斯利康、健泰科生物技术公司、百时美施贵宝公司，其专利申请均在 1 300 件以上 2 000 件以下。排名第十位的为英塞特公司，也有 1 000 件以上的专利申请量，由此可见，抗肿瘤药物中的小分子靶向药以其丰厚的经济前景吸引着各大药企的研发，而中国企业还没有能够挤进小分子靶向药研发的前列，可见在小分子靶向药的研究方向上，我国仍需加大投入，提前做好专利申请，为市场起到保驾护航的作用。

4.1.2　重点专利分析

4.1.2.1　涉诉专利 ❶（限于中国）

表 4-2 列出了小分子靶向药涉诉中国专利。

表 4-2　小分子靶向药物涉诉中国专利

序号	公开号 / 申请号	标题	申请日	当前专利申请（专利权）人	法律状态
1	CN100594886C	一种同载新生血管抑制剂和四唑紫罗兰的抗癌缓释剂	2006-10-16	山东蓝金生物工程有限公司	失效
2	CN1923171A	同载抗癌抗生素及其增效剂的复方抗癌药物缓释剂	2006-02-24	山东蓝金生物工程有限公司	失效
3	CN102822200A	对增殖性疾病进行协同性治疗的抗 CTLA-4 抗体与各种治疗方案的组合	2009-10-29	百时美施贵宝公司	审中
4	CN1923173A	一种同载抗癌抗生素及其增效剂的抗癌药物缓释剂	2006-02-24	山东蓝金生物工程有限公司	失效
5	CN101631464A	用于治疗过度增殖疾病和血管发生相关性疾病的 2,3-二氢咪唑并 [1,2-c] 喹唑啉取代衍生物	2007-12-05	拜耳知识产权有限责任公司	有效
6	CN1846673A	含嘧啶类似物的抗癌药物缓释剂	2006-01-09	山东蓝金生物工程有限公司	失效
7	CN100531711C	一种治疗实体肿瘤的埃罗替尼缓释植入剂	2007-11-29	达森生物药业有限公司	失效
8	CN106310268B	一种治疗三阴性乳腺癌的药物组合物	2015-06-18	复旦大学	有效
9	CN101371820B	含氨甲蝶呤增效剂的抗癌缓释剂	2006-01-23	山东蓝金生物工程有限公司	失效

---

❶　涉诉专利是指，在智慧芽、IncoPat 等数据库检索到的发生过专利侵权纠纷、专利权权属纠纷、专利申请权权属纠纷等情况的专利。

续表

序号	公开号 / 申请号	标题	申请日	当前专利申请（专利权）人	法律状态
10	CN1296043C	式 I 的雷帕霉素化合物在制备用于治疗实体瘤的药物组合物中的用途	2002-02-18	诺华	失效
11	CN1852714A	作为受体酪氨酸激酶抑制剂的喹唑啉类似物	2004-08-10	阿雷生物药品公司	失效
12	CN104116738A	癌症的治疗	2002-02-18	诺华	失效
13	CN101356171A	作为 ERBBI 型受体酪氨酸激酶抑制剂用于治疗增殖性疾病的 N-4-苯基-喹唑啉-4-胺衍生物和相关化合物	2006-11-15	阿雷生物药品公司	失效
14	CN1382060A	用于抗 ErbB2 抗体治疗的制剂	2000-08-25	杰南技术公司	失效
15	CN100531712C	一种治疗实体肿瘤的达萨替尼缓释植入剂	2007-11-29	达森生物药业有限公司	失效
16	CN101378751B	40-O-(2-羟乙基)-雷帕霉素用于制备药物的用途	2007-01-31	诺华	失效
17	CN101001857B	2-(吡啶-2-基氨基)-吡啶并 [2,3-d] 嘧啶-7-酮	2003-01-10	沃尼尔·朗伯有限责任公司	失效
18	CN104000818B	结节性硬化症治疗	2007-01-31	诺华	失效
19	CN1329390C	吡咯取代的 2-二氢吲哚酮蛋白激酶抑制剂	2001-02-15	苏根有限责任公司 | 法玛西亚普强有限公司	失效

4.1.2.2　无效后仍维持有效的专利 ❶（限于中国）

表 4-3 列出了小分子靶向药无效后仍维持有效的专利，这些专利稳定性较好，也是各企业的重点布局点。

---

❶　无效后仍维持有效的专利是指，经无效宣告请求审查程序后仍维持部分或全部有效的专利。

表 4-3　小分子靶向药无效后仍维持有效的专利

序号	公开（公告）号	标题	申请日	当前专利申请（专利权）人	法律状态
1	CN1856469A	用于治疗和预防疾病和疾病症状的氟代 ω-羧芳基二苯基脲	2004-07-22	拜耳医药保健有限责任公司	有效
2	CN101360496B	利用 mTOR 抑制剂治疗神经内分泌肿瘤	2006-11-20	诺华	有效
3	CN102026999B	作为 JAK 抑制剂的氮杂环丁烷和环丁烷衍生物	2009-03-10	因西特控股公司	有效
4	CN102711476B	新的三环化合物	2010-12-01	ABBVIE 公司	有效
5	CN102612368B	治疗增殖性障碍和其他由 BCR-ABL、C-KIT、DDR1、DDR2 或 PDGF-R 激酶活性介导的病理学病症的方法	2010-11-17	诺华	有效
6	CN103458881B	ALK 抑制剂的使用方法	2012-02-02	诺华	有效
7	CN107973782B	一种三氟乙基取代吲哚的苯胺嘧啶化合物及其盐的结晶	2016-10-21	益方生物科技（上海）股份有限公司｜贝达药业股份有限公司	有效
8	CN101610676B	布鲁顿酪氨酸激酶的抑制剂	2006-12-28	药品循环有限公司	有效
9	CN102887900B	布鲁顿酪氨酸激酶的抑制剂	2006-12-28	药品循环有限公司	有效
10	CN102884066B	8-氟 -2-{4-[（甲氨基）甲基] 苯基 }-1,3,4,5-四氢 -6H-氮杂 * 并 [5, 4, 3-cd] 吲哚 -6-酮的盐和多晶型物	2011-02-10	辉瑞公司	有效

4.1.2.3　其他重点专利

表 4-4~ 表 4-7 列出了小分子靶向药主要靶点的其他重要专利❶。

---

❶　其他重点专利是指，除发生诉讼和无效的重点专利以外，从权利要求保护范围、同族专利申请数量、被引用次数等角度筛选出的授权有效的专利。

表 4-4　EGFR 抑制剂其他重要专利

序号	申请号	标题	当前专利权人	申请日
1	CN108449940A	与细胞结合分子的共轭偶联的桥连接体	苏州美康加生物科技有限公司|赵珞博永新	2015-07-12
2	CN105849110A	使用溴结构域和额外终端(BET)蛋白抑制剂的用于癌症的组合疗法	达纳法伯癌症研究所股份有限公司	2014-11-07
3	CN101193905A	用于检测抗药 EGFR 突变体的方法和组合物	纪念斯隆凯特琳癌症中心	2006-02-13
4	CN105272930A	取代脲衍生物及其在药物中的应用	广东东阳光药业股份有限公司	2015-07-16
5	CN104884065A	治疗癌症的方法	强烈治疗剂公司	2013-09-15
6	CN105294681A	CDK 类小分子抑制剂的化合物及其用途	广东东阳光药业股份有限公司	2015-07-23
7	CN107148416A	作为新抗癌药的被取代的 2,4-二氨基喹啉	基因科学医药公司	2015-10-26
8	CN107847605A	包含分支接头的抗体药物缀合物及其相关方法	乐高化学生物科学股份有限公司	2016-11-23
9	CN103282037A	抗肿瘤生物碱的联合治疗	法马马有限公司	2011-11-11
10	CN108136044A	基于酰亚胺的蛋白水解调节剂和相关使用方法	阿尔维纳斯股份有限公司	2016-06-03
11	CN102164941A	抗氧化剂炎症调节剂:具有饱和 C 环的齐墩果酸衍生物	里亚塔医药公司	2009-04-20
12	CN102083442A	抗氧化剂炎症调节剂:在 C-17 具有氨基和其他修饰的齐墩果酸衍生物	里亚塔医药公司	2009-04-20
13	CN102066398A	抗氧化剂炎症调节剂: C-17 同系化齐墩果酸衍生物	里亚塔医药公司	2009-04-20
14	CN104703623A	用于激酶调节的化合物和方法以及适应症	普莱希科公司	2013-03-18
15	CN103097361A	1-(芳基甲基)喹唑啉-2,4-(1H,3H)-二酮作为 PARP 抑制剂及其应用	南京英派药业有限公司	2012-03-31

序号	申请号	标题	当前专利权人	申请日
16	CN101815724A	用于将钇合至其的试剂递送至组织的抑肽酶样多肽	安吉奥开米公司	2008-05-29
17	CN107735090A	具有 CL2A 接头的抗体 SN38 免疫缀合物	免疫医学股份有限公司	2016-06-29
18	CN103347521A	用于治疗癌症的使用化疗和免疫治疗的代谢靶向癌细胞的方法	全球癌症治疗公司	2011-12-06
19	CN102015739A	新的化合物以及用于治疗的方法	吉利德科学公司	2009-02-19
20	CN102724970A	来那替尼马来酸盐的片剂制剂	惠氏公司	2010-11-02
21	CN109963870A	抗 B7-H3 抗体和抗体药物偶联物	艾伯维公司	2017-06-07
22	CN105593224A	作为溴结构域抑制剂的新型喹唑啉酮类化合物	齐尼思表观遗传学公司	2014-07-30
23	CN101355928A	用于癌症免疫疗法的组合物和方法	卫材 R&D 管理有限公司	2006-04-26
24	CN103702990B	2-(2,4,5-取代苯胺)嘧啶衍生物作为 EGFR 调谐子用于治疗癌症	阿斯利康制药有限公司	2012-07-25
25	CN106061963A	脂质合成的杂环调节剂和其组合	3 V 生物科学公司	2014-12-19
26	CN111377871A	一种 FAK 抑制剂及其联合用药物	海创药业股份有限公司	2019-12-24
27	CN109475528A	用于 EGFR 降解的双功能分子和使用方法	达纳法伯癌症研究所股份有限公司	2017-04-21
28	CN1780627A	用于治疗涉及细胞增殖、骨髓瘤细胞迁移或凋亡或者血管增殖疾病的联用药物	勃林格殷格翰国际有限公司	2004-04-24
29	CN101918390B	(E)-N-{4-[3-氯-4-(2-吡啶基甲氧基)苯胺基]-3-氰基-7-乙氧基-6-喹啉基}-4-(二甲基氨基)-2-丁烯酰胺的马来酸盐及其结晶形式	惠氏公司	2008-10-16

序号	申请号	标题	当前专利权人	申请日
30	CN104140418B	2-(2,4,5-取代苯胺)嘧啶衍生物及其用途	朱孝云	2014-08-15
31	CN102112484A	三萜皂苷、其合成方法和用途	索隆基特林癌症研究协会	2009-04-08
32	CN107849034A	EGFR 抑制剂及其使用方法	达纳法伯癌症研究所股份有限公司	2016-06-30
33	CN104244968A	PH20 多肽变体、配制物及其应用	哈洛齐梅公司	2012-12-28
34	CN101137623A	N-磺酰基吡咯及其作为组蛋白脱乙酰酶抑制剂的用途	奈科明有限责任公司	2006-03-14
35	CN105102001A	含金属的复合微胞药物载体的触发释放方法	原创生医股份有限公司	2013-01-31
36	CN105073744A	作为溴结构域抑制剂的新型杂环化合物	齐尼思表观遗传学公司	2013-12-19
37	CN101163717A	可溶性糖胺聚糖酶及制备和应用可溶性糖胺聚糖酶的方法	海洋酶医疗公司	2006-02-23
38	CN101160123A	治疗剂的组合和给予方式以及联合治疗	阿布拉科斯生物科学有限公司	2006-02-21
39	CN112566902A	作为核转运调节剂的化合物及其用途	凯瑞康宁生物工程(武汉)有限公司	2019-06-05
40	CN101686981A	重氮双环类 SMAC 模拟物及其用途	密歇根大学董事会	2008-04-14
41	CN107427528A	聚糖治疗剂和其相关方法	卡莱多生物科技有限公司	2016-01-13
42	CN109328059A	EGFR 酪氨酸激酶的临床重要突变体的选择性抑制剂	CS 制药技术有限公司	2017-01-06
43	CN106715456A	定向淋巴的前药	蒙纳殊大学	2015-08-12
44	CN104520290A	酰氨基螺环酰胺和磺酰胺衍生物	健泰科生物技术公司|福马 TM 有限责任公司	2013-03-01

序号	申请号	标题	当前专利权人	申请日
45	CN110709386A	双环杂芳基衍生物及其制备与用途	凯瑞康宁生物工程(武汉)有限公司	2017-03-30
46	CN107163026A	吡啶胺基嘧啶衍生物的盐及其制备方法和应用	上海艾力斯医药科技股份有限公司	2016-03-07
47	CN106559991A	用于激酶抑制的杂芳基化合物	阿里亚德医药股份有限公司	2015-05-13
48	CN105163720A	远程装载略微水溶性药物至脂质体	佐尼奥尼制药股份有限公司	2014-02-03
49	CN106029076A	作为BET溴域抑制剂的苯并哌嗪组合物	福马疗法公司	2014-11-18
50	CN106928150A	丙烯酰胺苯胺衍生物及其药学上的应用	恩瑞生物医药科技(上海)有限公司	2015-12-31

表 4-5　TKI 抑制剂其他重要专利

序号	申请号	标题	当前专利权人	申请日
1	CN104884065A	治疗癌症的方法	强烈治疗剂公司	2013-09-15
2	CN105272930A	取代脲衍生物及其在药物中的应用	广东东阳光药业有限公司	2015-07-16
3	CN101160123A	治疗剂的组合和给予方式以及联合治疗	阿布拉科斯生物科学有限公司	2006-02-21
4	CN107735090A	具有CL2A接头的抗体SN38免疫缀合物	免疫医疗公司	2016-06-29
5	CN107148416A	作为新抗癌药的被取代的2,4-二氨基喹啉	基因科学医药公司	2015-10-26
6	CN108449940A	与细胞结合分子的共轭偶联的桥连接体	杭州多禧生物科技有限公司	2015-07-12
7	CN101674834A	布鲁顿氏酪氨酸激酶(Bruton's tyrosine kinase)抑制剂	制药公司	2008-03-27
8	CN102164902B	作为吲哚胺2,3-双加氧酶的抑制剂的1,2,5-噁二唑	因塞特控股公司	2009-07-07

序号	申请号	标题	当前专利权人	申请日
9	CN102083442A	抗氧化剂炎症调节剂：在 C-17 具有氨基和其他修饰的齐墩果酸衍生物	里亚塔医药控股有限责任公司	2009-04-20
10	CN102066398A	抗氧化剂炎症调节剂：C-17 同系化齐墩果酸衍生物	里亚塔医药公司	2009-04-20
11	CN102164941A	抗氧化剂炎症调节剂：具有饱和 C 环的齐墩果酸衍生物	里亚塔医药公司	2009-04-20
12	CN106715417A	药物中使用的吲哚衍生物	爱欧梅特制药公司	2015-03-19
13	CN107108556A	药用化合物	艾欧米制药有限公司	2015-11-02
14	CN103974949B	一种酪氨酸激酶抑制剂的二马来酸盐的 I 型结晶及制备方法	江苏恒瑞医药股份有限公司	2013-06-04
15	CN101193905A	用于检测抗药 EGFR 突变体的方法和组合物	纪念斯隆 - 凯特林癌症中心	2006-02-13
16	CN110833544A	组蛋白去乙酰化酶抑制剂与蛋白激酶抑制剂之组合及其制药用途	深圳微芯生物科技股份有限公司	2018-08-17
17	CN104703623A	用于激酶调节的化合物和方法以及适应症	普莱希科公司	2013-03-18
18	CN1780627A	用于治疗涉及细胞增殖、骨髓瘤细胞迁移或凋亡或者血管增殖疾病的联用药物	贝林格尔 . 英格海姆国际有限公司	2004-04-24
19	CN105849110A	使用溴结构域和额外终端 (BET）蛋白抑制剂的用于癌症的组合疗法	达纳 - 法伯癌症研究所有限公司	2014-11-07
20	CN102656173A	布鲁顿酪氨酸激酶抑制剂	药品循环有限公司	2010-10-12
21	CN109789146A	趋化因子受体调节剂及其用途	拉普特医疗公司	2017-07-28
22	CN105294681A	CDK 类小分子抑制剂的化合物及其用途	广东东阳光药业有限公司	2015-07-23

序号	申请号	标题	当前专利权人	申请日
23	CN102015739A	新的化合物以及用于治疗的方法	吉利德科学公司	2009-02-19
24	CN102471312B	6-氨基喹唑啉或 3-氰基喹啉类衍生物、其制备方法及其在医药上的应用	江苏恒瑞医药股份有限公司 | 上海恒瑞医药有限公司	2010-08-26
25	CN106061963A	脂质合成的杂环调节剂和其组合	甘莱制药有限公司	2014-12-19
26	CN107847605A	包含分支接头的抗体药物缀合物及其相关方法	乐高化学生物科学股份有限公司	2016-11-23
27	CN102272125A	哒嗪酮衍生物	默克专利有限公司	2009-12-10
28	CN109069648A	胆汁淤积性和纤维化疾病的治疗方法	基恩菲特公司	2017-03-13

表 4-6　BRAF 抑制剂其他重要专利

序号	申请号	标题	当前专利权人	申请日
1	CN108449940A	与细胞结合分子的共轭偶联的桥连接体	杭州多禧生物科技有限公司	2015-07-12
2	CN101133055A	用于治疗癌症的 MELEI-MIDE 衍生物、药物组合物以及方法	艾科优公司	2006-02-09
3	CN108348492A	使用包括 DON 在内的谷氨酰胺类似物的用于癌症和免疫疗法的方法	约翰霍普金斯大学 | AVCR 有机化学与生物化学研究所	2016-07-29
4	CN104755494A	抗体-药物偶联物	第一三共株式会社	2013-10-10
5	CN104768555A	用于治疗癌症的联合治疗	EPIZYME 股份有限公司	2013-04-12
6	CN105829346A	抗 HER2 抗体药物偶联物	第一三共株式会社	2015-01-28
7	CN105849110A	使用溴结构域和额外终端 (BET) 蛋白抑制剂的用于癌症的组合疗法	达纳 - 法伯癌症研究所有限公司	2014-11-07
8	CN105849126A	抗 TROP2 抗体-药物偶联物	第一三共株式会社 | 北海道公立大学法人札幌医科大学	2014-12-24

序号	申请号	标题	当前专利权人	申请日
9	CN107148416A	作为新抗癌药的被取代的 2,4-二氨基喹啉	基因科学医药公司	2015-10-26
10	CN105593224A	作为溴结构域抑制剂的新型喹唑啉酮类化合物	恒元生物医药科技(苏州)有限公司	2014-07-30
11	CN102405217A	氮杂䓬化合物	财团法人工业技术研究院	2010-04-29
12	CN107847605A	包含分支接头的抗体药物缀合物及其相关方法	乐高化学生物科学股份有限公司	2016-11-23
13	CN104703623A	用于激酶调节的化合物和方法以及适应症	普莱希科公司	2013-03-18
14	CN105188717A	卟啉修饰末端树枝状聚合物	加利福尼亚大学董事会	2013-12-12
15	CN101616915A	调控激酶级联的组合物以及方法	安兹克斯特殊目的有限责任公司	2007-12-28
16	CN108727363A	一种新型细胞周期蛋白依赖性激酶 CDK9 抑制剂	劲方医药科技(上海)有限公司 | 浙江劲方药业有限公司	2017-04-19
17	CN110833544A	组蛋白去乙酰化酶抑制剂与蛋白激酶抑制剂之组合及其制药用途	深圳微芯生物科技股份有限公司	2018-08-17
18	CN104244968A	PH20 多肽变体、配制物及其应用	哈洛齐梅公司	2012-12-28
19	CN109476641A	CBP/EP300 的杂环抑制剂及其在治疗癌症中的用途	基因泰克公司 | 星座制药股份有限公司	2017-05-24
20	CN102471329A	用作治疗肿瘤性或自身免疫性疾病的前药的呋咱并苯并咪唑	巴斯利尔药物股份公司	2010-07-26
21	CN108026109A	手性二芳基大环及其用途	特普医药公司	2016-07-20
22	CN1826122A	氧化脂质及其在治疗炎性疾病中的应用	脉管生物生长有限公司	2004-05-27
23	CN107530436A	用于将治疗剂和诊断剂递送到细胞中的方法、组合物和系统	菲泽尔克斯公司	2016-01-21

序号	申请号	标题	当前专利权人	申请日
24	CN101815724A	用于将轭合至其的试剂递送至组织的抑肽酶样多肽	安吉奥开米公司	2008-05-29
25	CN106061963A	脂质合成的杂环调节剂和其组合	甘莱制药有限公司	2014-12-19
26	CN110776507A	Bcl-2 抑制剂与化疗药的组合产品及其在预防和 / 或治疗疾病中的用途	苏州亚盛药业有限公司	2019-07-22
27	CN101583365A	三嗪衍生物及其治疗应用	阿布拉西斯生物科学公司	2007-12-14
28	CN109963870A	抗 B7-H3 抗体和抗体药物偶联物	艾伯维公司	2017-06-07
29	CN106659700A	氟化硫 (Ⅵ) 化合物及其制备方法	斯克里普斯研究所	2015-06-05
30	CN105073744A	作为溴结构域抑制剂的新型杂环化合物	恒翼生物医药（上海）股份有限公司	2013-12-19
31	CN102065840A	用于给药的脂质体和其制备方法	微脂体医药有限责任公司	2009-05-25
32	CN105294681A	CDK 类小分子抑制剂的化合物及其用途	广东东阳光药业有限公司	2015-07-23
33	CN108449940A	与细胞结合分子的共轭偶联的桥连接体	杭州多禧生物科技有限公司	2015-07-12

表 4-7　BCR-ABL 抑制剂重要专利

序号	申请号	标题	当前专利权人	申请日
1	CN108449940A	与细胞结合分子的共轭偶联的桥连接体	杭州多禧生物科技有限公司	2015-07-12
2	CN105849110A	使用溴结构域和额外终端 (BET) 蛋白抑制剂的用于癌症的组合疗法	达纳 - 法伯癌症研究所有限公司	2014-11-07
3	CN103282037A	抗肿瘤生物碱的联合治疗	法马马有限公司	2011-11-11
4	CN104884065A	治疗癌症的方法	强烈治疗剂公司	2013-09-15

续表

序号	申请号	标题	当前专利权人	申请日
5	CN107148416A	作为新抗癌药的被取代的2,4-二氨基喹啉	基因科学医药公司	2015-10-26
6	CN103097361A	1-(芳基甲基)喹唑啉-2,4-(1H,3H)-二酮作为PARP抑制剂及其应用	上海君派英实药业有限公司	2012-03-31
7	CN105272930A	取代脲衍生物及其在药物中的应用	广东东阳光药业有限公司	2015-07-16
8	CN107735090A	具有CL2A接头的抗体SN38免疫缀合物	免疫医疗公司	2016-06-29
9	CN108136044A	基于酰亚胺的蛋白水解调节剂和相关使用方法	阿尔维纳斯运营股份有限公司	2016-06-03
10	CN105294681A	CDK类小分子抑制剂的化合物及其用途	广东东阳光药业有限公司	2015-07-23
11	CN102083442A	抗氧化剂炎症调节剂：在C-17具有氨基和其他修饰的齐墩果酸衍生物	里亚塔医药控股有限责任公司	2009-04-20
12	CN102164941A	抗氧化剂炎症调节剂：具有饱和C环的齐墩果酸衍生物	里亚塔医药公司	2009-04-20
13	CN102066398A	抗氧化剂炎症调节剂:C-17同系化齐墩果酸衍生物	里亚塔医药公司	2009-04-20
14	CN104066722A	新型治疗药物	广州麓鹏制药有限公司	2013-01-31
15	CN106715456A	定向淋巴的前药	莫纳什大学	2015-08-12
16	CN107847605A	包含分支接头的抗体药物缀合物及其相关方法	乐高化学生物科学股份有限公司	2016-11-23
17	CN104703623A	用于激酶调节的化合物和方法以及适应症	普莱希科公司	2013-03-18
18	CN101815724A	用于将轭合至其的试剂递送至组织的抑肽酶样多肽	安吉奥开米公司	2008-05-29
19	CN104244968A	PH20多肽变体、配制物及其应用	哈洛齐梅公司	2012-12-28

序号	申请号	标题	当前专利权人	申请日
20	CN106061963A	脂质合成的杂环调节剂和其组合	甘莱制药有限公司	2014-12-19
21	CN109963870A	抗 B7-H3 抗体和抗体药物偶联物	艾伯维公司	2017-06-07
22	CN103347876B	苯胺取代的喹唑啉衍生物及其制备方法与应用	山东轩竹医药科技有限公司	2011-08-30
23	CN105593224A	作为溴结构域抑制剂的新型喹唑啉酮类化合物	恒元生物医药科技（苏州）有限公司	2014-07-30
24	CN105163720A	远程装载略微水溶性药物至脂质体	佐尼奥尼制药股份有限公司	2014-02-03
25	CN102015739A	新的化合物以及用于治疗的方法	吉利德科学公司	2009-02-19
26	CN105828822A	用于治疗癌症的组合疗法	诺华	2014-08-07
27	CN105358173A	靶向癌症治疗的 EGFR-SGLT1 相互作用	休斯敦系统大学	2014-05-08
28	CN110776507A	Bcl-2 抑制剂与化疗药的组合产品及其在预防和 / 或治疗疾病中的用途	苏州亚盛药业有限公司	2019-07-22
29	CN105073744A	作为溴结构域抑制剂的新型杂环化合物	恒翼生物医药（上海）股份有限公司	2013-12-19
30	CN107427528A	聚糖治疗剂和其相关方法	DSM 营养产品有限责任公司	2016-01-13
31	CN104703976A	双 (氟烷基)-1,4-苯并二氮杂卓酮化合物作为 NOTCH 抑制剂	百时美施贵宝公司	2013-09-20
32	CN1729012A	预防和治疗实体瘤的组合物和方法	伊利诺伊大学评议会	2003-10-23
33	CN101160123A	治疗剂的组合和给予方式以及联合治疗	阿布拉科斯生物科学有限公司	2006-02-21
34	CN101686981A	重氮双环类 SMAC 模拟物及其用途	密执安州立大学董事会	2008-04-14

序号	申请号	标题	当前专利权人	申请日
35	CN102946732A	用作组蛋白脱乙酰酶抑制剂的大环化合物	昂库尔有限责任公司	2011-05-26
36	CN107108611A	四氢吡啶并 [3,4b] 吲哚雌激素受体调节剂及其用途	豪夫迈·罗氏有限公司	2015-12-17
37	CN101137623A	N-磺酰基吡咯及其作为组蛋白脱乙酰酶抑制剂的用途	4SC 股份公司	2006-03-14
38	CN1780627A	用于治疗涉及细胞增殖、骨髓瘤细胞迁移或凋亡或者血管增殖疾病的联用药物	贝林格尔·英格海姆国际有限公司	2004-04-24
39	CN101631464A	用于治疗过度增殖疾病和血管发生相关性疾病的2,3-二氢咪唑并 [1,2-c] 喹唑啉取代衍生物	拜耳知识产权有限责任公司	2007-12-05
40	CN109069648A	胆汁淤积性和纤维化疾病的治疗方法	基恩菲特公司	2017-03-13
41	CN105102001A	含金属的复合微胞药物载体的触发释放方法	原创生医股份有限公司	2013-01-31

4.2 单抗类药物

4.2.1 技术路线分析

表 4-8 为单抗类药物专利技术路线发展的重要专利。

表 4-8 单抗类药物专利技术路线梳理

序号	公开号	专利权人	申请日	标题	主要靶点
1	US5821337A	健泰科生物技术公司	1992-08-21	Immunoglobulin variants	HER2

序号	公开号	专利权人	申请日	标题	主要靶点
2	US5736137A	SILICON VALLEY BANK	1993-11-03	Therapeutic application of chimeric and radiolabeled antibodies to human B lymphocyte restricted differentiation antigen for treatment of B cell lymphoma	CD20
3	US6407213B1	健泰科生物技术公司	1993-11-17	Method for making humanized antibodies	HER2
4	US6884879B1	健泰科生物技术公司	1997-08-06	Anti-VEGF antibodies	VEGF
5	US7060269B1	健泰科生物技术公司	2000-11-27	Anti-VEGF antibodies	VEGF
6	US7381560B2	生物基因 IDEC 公司	2001-07-25	Expression and use of anti-CD20 antibodies	CD20
7	EP1537878B1	小野药品工业株式会社 | HONJO TASUKU	2003-07-02	Immunopotentiating compositions	
8	WO2006121168A1	小野药品工业株式会社 | MEDAREX INC | KORMAN ALAN J | SRINIVASAN MOHAN | WANG CHANGYU | SELBY MARK J | CHEN BING | CARDARELLI JOSEPHINE M	2006-05-02	Human monoclonal antibodies to programmed death 1(pd-1) and methods for treating cancer using Anti-pd-1 antibodies alone or in combination with other immunotherapeutics	
9	CN101213297B	小野药品工业株式会社 | ER 斯奎布父子公司	2006-05-02	程序性死亡 -1(PD-1) 的人单克隆抗体及单独使用或与其它免疫治疗剂联合使用抗 PD-1 抗体来治疗癌症的方法	PD-1

序号	公开号	专利权人	申请日	标题	主要靶点
10	WO2008156712A1	欧加农股份有限公司 | CARVEN GREGORY JOHN | VAN EENENNAAM HANS | DULOS GRADUS JOHANNES	2008-06-13	Antibodies to human programmed death receptor pd-1	PD-1
11	WO2010001617A1	小野药品工业株式会社 | MEDAREX INC | SHIBAYAMA SHIRO | YOSHIDA TAKAO | HAYASHI TAMON | HAYASHI AKIO | MURAI JUN	2009-07-03	Use of an efficacy marker for optimizing therapeutic efficacy of an Anti-human pd-1 antibody on cancers	PD-1
12	US8728474B2	小野药品工业株式会社 | HONJO TASUKU | 达纳法伯癌症研究所股份有限公司	2010-12-02	Immunopotentiative composition	PD-1
13	US9073994B2	小野药品工业株式会社 | TASUKU HONJO | 达纳法伯癌症研究所股份有限公司	2014-11-21	Immunopotentiative composition	PD-1
14	WO2015088847A1	葛兰素史密斯克莱有限责任公司 | 默沙东药厂 | IANNONE ROBERT | PERINI RODOLFO F | PHILLIPS JOSEPH H | VENKATARAMAN SRIRAM	2014-12-03	Treating cancer with a combination of a pd-1 antagonist and a vegfr inhibitor	PD-1
15	WO2015134605A1	百时美施贵宝公司	2015-03-04	Treatment of renal cancer using a combination of an Anti-pd-1 antibody and another Anti-cancer agent	PD-1

序号	公开号	专利权人	申请日	标题	主要靶点
16	WO2016029073A2	百时美施贵宝公司	2015-08-21	Treatment of cancer using a combination of an Anti-pd-1 antibody and an Anti-cd137 antibody	PD-1
17	WO2016100561A2	百时美施贵宝公司	2015-12-16	Use of immune checkpoint inhibitors in central nervous systems neoplasms	PD-1
18	WO2015119944A1	英塞特公司|默沙东药厂|LEOPOLD LANCE|KAUFMAN DAVID	2015-02-03	Combination of a pd-1 antagonist and an ido1 inhibitor for treating cancer	PD-1
19	WO2016011357A1	阿德瓦希斯公司|默沙东药)	2015-07-17	Combination of a pd-1 antagonist and a listeria-based vaccine for treating prostate cancer	PD-1
20	WO2016032927A1	辉瑞公司|默沙东药厂	2015-08-24	Combination of a pd-1 antagonist and an alk inhibitor for treating cancer	PD-1

从产生至今的 40 多年，单克隆抗体大致经历了鼠源单克隆抗体、人 - 鼠嵌合抗体、人源化抗体、全人源抗体的发展阶段。鼠源性单克隆抗体由于具有副反应大、代谢快的缺点，现在基本退出市场。取而代之的是人源化及全人源单克隆抗体，因为有副反应小、在体内停留时间长、有利于治疗的优势，近年来相继开发的单克隆抗体几乎都是全人源单抗。1986 年，全球第一个治疗性单克隆抗体药物 OKT3（muromonab-CD3）获得美国 FDA 批准。据 Cortellis 数据库统计，截至 2023 年 9 月 25 日，临床研究和已上市的单抗类药物中约 46% 用于肿瘤治疗，已上市药物 133 个，涉及 20 多个靶点，热门靶点主要包括 PD-1/PD-L1、HER2、CD20、VEGF/VEGFR、EGFR 等。常见的单克隆抗体药有利妥昔单抗、曲妥珠单抗、奥妥珠单抗、贝伐珠单抗、帕妥珠单

抗、纳武利尤单抗、帕博利珠单抗、维布妥昔单抗。其中利妥昔单抗是全球第一个上市的抗肿瘤单抗类药物。利妥昔单抗能特异性结合 B 细胞表面跨膜蛋白 CD20，通过抗体依赖细胞介导的细胞毒作用（ADCC）和补体依赖的细胞毒作用（CDC）两种途径杀伤 CD20 阳性的 B 淋巴细胞，原研利妥昔单抗来自罗氏旗下 Genentech 公司，1997 年首次获美国 FDA 批准上市，并于 2000 年进入中国市场。2013 年原研利妥昔单抗注射液中国专利到期，目前国内获批的利妥昔单抗生物类似药公司有复宏汉霖、信达生物；申报上市的企业有上海生物制品研究所、正大天晴、盛禾生物及三生国健；处于Ⅲ期临床阶段的企业有新时代药业、华兰生物、嘉和生物 / 优科生物、喜康生技及天广实 / 博锐生物等。

据药融云《中国Ⅰ类新药靶点白皮书》统计，2017—2022 年合计受理新药 1955 个，涉及靶点总计 614 个；排名前五位的热门靶点为 PD-L1、EGFR、PD-1、VEGFR 和 HER2。其中，PD-L1 的药品数量由 57 个（2016—2022 年）增长至 76 个，超越 EGFR 成为最热门的靶点。针对 PD-1 靶点的研究方面，从专利上可以看出，原研公司小野制药、Medarex 和百时美施贵宝均布局了核心专利，如公开号为 WO2006121168A1 的氨基酸序列专利，并延续对检测方法（如 WO2010001617A1，一种评价 PD-1 抗体治疗癌症效果的方法）、联合用药（如 WO2015134605A1，使用 PD-1 抗体和另一种抗癌剂治疗肾癌的方法；WO2016029073A2，PD-1 抗体和 CD137 抗体联合治疗癌症的方法）、医药用途（如 WO2016100561A2，一种 PD-1 抗体治疗神经胶质瘤的方法）等重要技术专利的申请。

除了原研公司外，Incyte Corporation、葛兰素史克、Advaxis、辉瑞等公司主要通过申请联合用药专利进行布局 [如 Incyte Corporation 的 WO2015119944A1，一种治疗肿瘤的方法，包含 PD-1 拮抗剂和 IDO1 小分子药物；葛兰素史克的 WO2015088847A1，一种用于治疗肿瘤的方法，包含 PD-1 拮抗剂和 VFGFR 抑制剂；Advaxis 的 WO2016011357A1，成细胞的灭活菌株治疗前列腺癌的方法；辉瑞的 WO2016032927A1，一种治疗肿瘤的方法，包含 PD-1 拮抗剂和 ALK 抑制剂（crizotinib）]，其针对单克隆抗体的研究也逐渐走向了和目前较为成熟的小分子靶向药联合用药的技术路线发展。

4.2.2　创新主体分析

图 4-2 展示了单抗类抗肿瘤药物专利排名前 10 位的专利申请人。

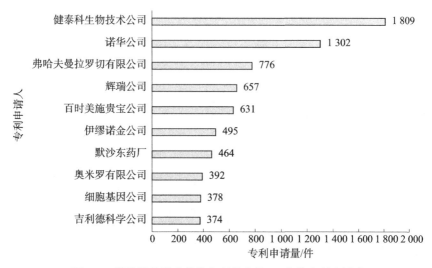

图 4-2　单抗类抗肿瘤药物专利排名前 10 位的专利申请人

从图 4-2 可以看出，排名前十位的申请人均为欧洲、美国、日本等的大型药企，说明欧洲、美国、日本的大型药企在单抗类抗肿瘤药物研发方面的垄断地位非常突出，其中健泰科生物技术公司的专利申请量排名第一位，为 1 809 件，排名第二位的诺华的专利申请量为 1 302 件，而其他专利申请人的申请量均在 1 000 件以下，排名第六位的伊缪诺金公司为 495 件，约为排名第一位的健泰科生物技术公司专利申请量的 1/4，排名第十位的吉利德科学公司的专利申请量较少，为 374 件。可见单抗类作为近几年才火热的抗肿瘤药物，各企业均处于技术发展阶段，其专利申请量较少。即便这样，中国企业还未能挤进单抗类药物的前列，因此，在单抗类药物的研究方向上，趁着其他国外优秀企业还未占据绝对优势的前提下，我国仍需加大投入，并同时做好专利布局，为未来市场保驾护航。

4.2.3　重点专利分析

4.2.3.1　涉诉专利 ❶（限于中国）

表 4-9 列出了单抗类抗肿瘤药物的涉诉中国专利。

---

❶　涉诉专利是指，在智慧芽、IncoPat 等数据库检索到的发生过专利侵权纠纷、专利权权属纠纷、专利申请权权属纠纷等情况的专利。

表 4-9　单抗类抗肿瘤药物的涉诉中国专利

序号	公开（公告）号	标题	申请日	当前专利申请（专利权）人	法律状态
1	CN101631464A	用于治疗过度增殖疾病和血管发生相关性疾病的 2,3-二氢咪唑并 [1,2-c] 喹唑啉取代衍生物	2007-12-05	拜耳知识产权有限责任公司	有效
2	CN1748029A	调控生存素表达的寡聚化合物	2004-02-10	圣塔里斯·法尔马公司|美商安隆制药公司	失效
3	CN1679559A	癌症的治疗	2002-02-18	诺华	失效

4.2.3.2　无效后仍维持有效的专利 ❶（限于中国）

表 4-10 列出了单抗类抗肿瘤药物无效后仍维持有效的专利，这些专利稳定性较好，也是各企业的重点布局点。

表 4-10　单抗类抗肿瘤药物无效后仍维持有效的专利

序号	公开（公告）号	标题	申请日	当前专利申请（专利权）人	法律状态
1	CN1856469A	用于治疗和预防疾病和疾病症状的氟代 ω-羧芳基二苯基脲	2004-07-22	拜耳医药保健有限责任公司	有效
2	CN1942588B	可溶性透明质酸酶糖蛋白（sHASEGP）、制备它们的方法、它们的用途和包含它们的药物组合物	2004-03-05	海洋酶公司	有效
3	CN1849135A	治疗白介素-6 相关疾病的方法	2004-04-28	中外制药株式会社	有效
4	CN103313990B	丙氨酰美登醇抗体偶联物	2011-11-16	基因泰克公司	有效
5	CN105617387B	治疗白介素-6 相关疾病的方法	2004-04-28	中外制药株式会社	有效

---

❶ 无效后仍维持有效的专利是指，经无效宣告请求审查程序后仍维持部分或全部有效的专利。

序号	公开（公告）号	标题	申请日	当前专利申请（专利权）人	法律状态
6	CN102711476B	新的三环化合物	2010-12-01	ABBVIE 公司	有效
7	CN111068062B	治疗白介素-6 相关疾病的方法	2004-04-28	中外制药株式会社	有效

4.2.3.3　其他重点专利 ❶

表 4-11 列出了单抗类抗肿瘤药物的其他重要专利。

表 4-11　单抗类抗肿瘤药物的其他重要专利

序号	公开（公告）号	标题	申请日	当前专利申请（专利权）人
1	CN107847605A	包含分支接头的抗体药物缀合物及其相关方法	2016-11-23	乐高化学生物科学股份有限公司
2	CN104884065A	治疗癌症的方法	2013-09-15	强烈治疗剂公司
3	CN103347521A	用于治疗癌症的使用化疗和免疫治疗的代谢靶向癌细胞的方法	2011-12-06	汤姆·C. 臧
4	CN107148416A	作为新抗癌药的被取代的 2,4-二氨基喹啉	2015-10-26	基因科学医药公司
5	CN101815724A	用于将轭合至其的试剂递送至组织的抑肽酶样多肽	2008-05-29	安吉奥开米公司
6	CN105849110A	使用溴结构域和额外终端（BET）蛋白抑制剂的用于癌症的组合疗法	2014-11-07	达纳 - 法伯癌症研究所有限公司
7	CN105272930A	取代脲衍生物及其在药物中的应用	2015-07-16	广东东阳光药业有限公司
8	CN101355928A	用于癌症免疫疗法的组合物和方法	2006-04-26	卫材 R&D 管理株式会社

---

❶ 其他重点专利是指，除发生诉讼和无效的重点专利以外，从权利要求保护范围、同族专利申请 数量、被引用次数等角度筛选出的授权有效的专利。

续表

序号	公开（公告）号	标题	申请日	当前专利申请（专利权）人
9	CN104703623A	用于激酶调节的化合物和方法以及适应症	2013-03-18	普莱希科公司
10	CN105294681A	CDK类小分子抑制剂的化合物及其用途	2015-07-23	广东东阳光药业有限公司
11	CN108136044A	基于酰亚胺的蛋白水解调节剂和相关使用方法	2016-06-03	阿尔维纳斯运营股份有限公司
12	CN106061963A	脂质合成的杂环调节剂和其组合	2014-12-19	甘莱制药有限公司
13	CN1856469A	用于治疗和预防疾病和疾病症状的氟代 ω-羧芳基二苯基脲	2004-07-22	拜耳医药保健有限责任公司
14	CN102015739A	新的化合物以及用于治疗的方法	2009-02-19	吉利德科学公司
15	CN101631464A	用于治疗过度增殖疾病和血管发生相关性疾病的2,3-二氢咪唑并[1,2-c]喹唑啉取代衍生物	2007-12-05	拜耳知识产权有限责任公司
16	CN107995911A	苯并氧氮杂*噁唑烷酮化合物及其使用方法	2016-07-01	豪夫迈·罗氏有限公司
17	CN107873032A	苯并氧氮杂*噁唑烷酮化合物及其使用方法	2016-07-01	豪夫迈·罗氏有限公司
18	CN110709386A	双环杂芳基衍生物及其制备与用途	2017-03-30	凯瑞康宁生物工程（武汉）有限公司
19	CN104812244A	增强癌症治疗中特异性免疫疗法的方法	2013-09-17	卡莱克汀医疗有限公司|天佑卫生服务机构
20	CN104066722A	新型治疗药物	2013-01-31	广州麓鹏制药有限公司
21	CN102164941A	抗氧化剂炎症调节剂：具有饱和C环的齐墩果酸衍生物	2009-04-20	里亚塔医药公司

序号	公开（公告）号	标题	申请日	当前专利申请（专利权）人
22	CN102083442A	抗氧化剂炎症调节剂：在 C-17 具有氨基和其他修饰的齐墩果酸衍生物	2009-04-20	里亚塔医药控股有限责任公司
23	CN102066398A	抗氧化剂炎症调节剂：C-17 同系化齐墩果酸衍生物	2009-04-20	里亚塔医药公司
24	CN101163717A	可溶性糖胺聚糖酶及制备和应用可溶性糖胺聚糖酶的方法	2006-02-23	海洋酶公司
25	CN105102001A	含金属的复合微胞药物载体的触发释放方法	2013-01-31	原创生医股份有限公司
26	CN101133055A	用于治疗癌症的 MELEIMIDE 衍生物、药物组合物以及方法	2006-02-09	艾科优公司
27	CN101563090A	包含南美皂皮树皂苷的含脂质颗粒用于治疗癌症的用途	2007-11-20	杜科姆公司
28	CN106029076A	作为 BET 溴域抑制剂的苯并哌嗪组合物	2014-11-18	福马疗法公司
29	CN1780627A	用于治疗涉及细胞增殖、骨髓瘤细胞迁移或凋亡或者血管增殖疾病的联用药物	2004-04-24	贝林格尔·英格海姆国际有限公司
30	CN107771078A	用于制备抗癌剂 1-((4-(4- 氟 2-甲基 1H-吲哚 5-基氧基)-6-甲氧基喹啉-7-基氧基) 甲基) 环丙胺、其结晶形式和其盐的方法	2016-05-03	杭州爱德程医药科技有限公司 | 南京爱德程医药科技有限公司 | 正大天晴药业集团股份有限公司
31	CN104520290A	酰氨基螺环酰胺和磺酰胺衍生物	2013-03-01	基因科技股份有限公司 | 福马 TM 有限责任公司

序号	公开（公告）号	标题	申请日	当前专利申请（专利权）人
32	CN101932571A	具有 CRTH2 拮抗活性的化合物	2009-01-19	阿托佩斯治疗有限公司
33	CN101282986A	其中结合 5-氮杂-胞嘧啶的寡核苷酸类似物	2006-09-25	阿斯特克斯制药公司
34	CN102946732A	用作组蛋白脱乙酰酶抑制剂的大环化合物	2011-05-26	昂库尔有限责任公司
35	CN101512008A	白介素-13 结合蛋白	2007-09-07	艾伯维巴哈马有限公司
36	CN103097361A	1-(芳基甲基)喹唑啉 -2,4-(1H,3H)- 二酮作为 PARP 抑制剂及其应用	2012-03-31	上海君派英实药业有限公司
37	CN105592859A	新型抗体 - 药物缀合物以及其在疗法中的用途	2014-07-11	MCSAF 公司
38	CN101646775A	用于产生脱唾液酸化免疫球蛋白的方法和载体	2007-12-26	森托科尔奥索生物科技公司
39	CN102939282A	用于治疗与淀粉状蛋白或淀粉状蛋白样蛋白有关的疾病的新型化合物	2011-04-15	AC 免疫有限公司
40	CN1942588B	可溶性透明质酸酶糖蛋白（sHASEGP）、制备它们的方法、它们的用途和包含它们的药物组合物	2004-03-05	海洋酶公司
41	CN1849135A	治疗白介素 -6 相关疾病的方法	2004-04-28	中外制药株式会社
42	CN101583359A	3-(4- 氨基 -1-氧代 -1,3-二氢-异吲哚 -2-基)- 哌啶-2,6-二酮在套细胞淋巴瘤治疗中的用途	2007-08-02	细胞基因公司
43	CN102943067B	可溶性透明质酸酶糖蛋白（sHASEGP）、制备它们的方法、它们的用途和包含它们的药物组合物	2004-03-05	海洋酶公司

续表

序号	公开（公告）号	标题	申请日	当前专利申请（专利权）人
44	CN101171010A	阿片样物质拮抗剂用于减少内皮细胞增殖和迁移的用途	2006-03-07	芝加哥大学
45	CN102686591A	酞嗪酮类衍生物、其制备方法及其在医药上的应用	2011-07-26	江苏恒瑞医药股份有限公司
46	CN106458912A	双环稠合的杂芳基或芳基化合物以及它们作为 IRAK4 拟制剂的用途	2015-03-26	辉瑞公司
47	CN101277684A	至少一种活性成分改善释放的微粒及含有该微粒的口服药物剂型	2006-09-27	弗拉梅爱尔兰有限公司
48	CN104244968B	PH20 多肽变体、配制物及其应用	2012-12-28	哈洛齐梅公司
49	CN107427528A	聚糖治疗剂和其相关方法	2016-01-13	DSM 营养产品有限责任公司
50	CN102036995A	作为 PI3 激酶和 mTOR 抑制剂的三嗪化合物	2009-05-21	惠氏有限责任公司
51	CN103347876B	苯胺取代的喹唑啉衍生物及其制备方法与应用	2011-08-30	山东轩竹医药科技有限公司
52	CN109476699A	糖皮质激素受体激动剂及其免疫偶联物	2017-06-01	艾伯维公司
53	CN1729012A	预防和治疗实体瘤的组合物和方法	2003-10-23	伊利诺伊大学评议会

4.3 肿瘤治疗器械

4.3.1 技术路线分析

抗肿瘤医疗器械主要包括肿瘤手术器械、放射治疗器械、化疗治疗器械、靶向治疗器械以及免疫治疗器械等。肿瘤手术器械包括手术刀、手术钳、手术剪等，这些器械用于肿瘤手术切除或手术辅助，帮助医生去除肿瘤组织；放射治疗器械包括线性加速器、放射性种子等，通过放射性治疗，可以杀死或控制肿瘤细胞的生长；化疗治疗器械包括化疗药物输液架、化疗药物注射器等，这些器械用于给患者输送化疗药物，通过化学药物的作用杀死肿瘤细胞；靶向治疗器械包括靶向治疗药物输液泵、靶向治疗药物注射器等，这些器械用于给患者输送靶向治疗药物，通过作用于肿瘤细胞表面的特定靶点，精确杀死肿瘤细胞；免疫治疗器械包括免疫调节药物输液泵、细胞免疫治疗仪器等。这些器械用于激活患者免疫系统，增强患者对肿瘤的免疫力。

本部分以专用于肿瘤治疗领域的代表性器械——肿瘤放射治疗器械为主要内容介绍其技术发展路线。

放射治疗是在 1895 年伦琴发现 X 射线和 1898 年居里夫人发现放射性元素镭之后诞生的，并开创了放射线在医学领域中应用的历史，经过 100 多年的发展，放疗设备与放疗技术不断推陈出新、更新换代，发展至今，我们已进入现代化放疗设备时代，在其发展历程中主要包括的技术类别和相应的典型专利具体如下。

4.3.1.1 常规放疗技术

常规放疗技术主要应用于 20 世纪 50 年代至 90 年代。其设备主要包括深部 X 射线透视机、钴 -60 放疗机和单（双）光子直线加速器。放疗定位采用 X 射线透视机，射线聚焦采用二维平面对穿照射，放疗剂量计算根据深部剂量衰弱表测量手工计算。X 射线透视机定位所见范围有限，多数部位肿瘤看不清，加上放疗剂量靠手工测量操作等技术局限，决定了常规放疗时代肿瘤放疗的辅助作用和地位。1980 年 6 月西门子申请了名为"X 射线治疗用电子加速器"的专利，申请号为 DE3070505，1994 年 10 月瓦里安申请了名为"配备低剂量定位和门脉成像 X 射线源的放射治疗装置"的专利，申请号为 US08319185。近年来我国部分企业也开始在该领域进行深入研发并产出了相应的专利。例如，2017 年 7 月西安大医集团申请了名为"一种 X 射线的聚焦装置及放疗设备"的专利，申请号为 CN201720875842.0；另外上海联影医疗在 2018 年 4 月申请了名为"一种 X 射线靶组件及放疗设备"的专利，申请号为 CN201810361187.6。

4.3.1.2 立体定向放疗技术

立体定向放疗源于瑞典神经外科专家莱克塞尔教授于 1951 年提出的立体

定向放射外科概念，该技术于 1968 年以头部 γ 刀的形式应用于颅内肿瘤治疗，开启了立体定向放射治疗（立体定向放射外科）的新篇章。立体定向放疗技术采用的放疗设备仍然是 Co-60 放射机和直线加速器，不同于常规放疗技术的最大特征是将放射线在立体空间聚焦。最早的头部 γ 刀是将 201 颗 Co-60 放射源安放在半球形的头盔不同位置，将能量向一点聚焦，使病变组织受到大剂量的摧毁性打击，而周围正常组织受量很小。立体定向放射外科或立体定向放射治疗范围从颅内延伸到颅外，技术从 γ 刀扩展到 X 刀，设备从放射外科专用机发展到放疗通用机带放射外科功能，从复杂多样化的名称叫法统一到放射外科技术或放射外科治疗学。放射外科技术标志着放疗进入高级阶段，可以根治早期实质器官肿瘤，放疗结果可与手术媲美，还具有无创伤治疗的最大优势。相应的专利申请包括 1992 年 1 月日立申请的名为"立体定向放射治疗装置"的专利，申请号为 JP04035596。1997 年 8 月美国安科锐公司申请的名为"用于立体定向放射外科和放疗的设备和方法"。2009 年 5 月西门子申请的名为"机器人立体定向放射外科治疗中的数字化层析 X 射线合成成像"，申请号为 CN200910142428.9。

4.3.1.3 三维适形放疗技术

20 世纪 80 年代 CT 影像技术出现，将 X 线透视二维平面成像变成了三维重建成像，而且组织分辨率和影像诊断正确率提高，推动了放疗从二维向三维的转变，将常规放疗技术推向了三维适形放疗技术的现代放疗阶段。三维适形放疗技术的应用改变了常规放疗剂量模式，使肿瘤定位精度提高，在一定程度上肿瘤周围正常组织的受照范围缩小，肿瘤局部控制率和生存率提高，放疗毒副作用减轻，从而使放疗的适应范围扩大，放疗的作用和地位相应提高。1985 年 11 月瓦里安申请了名为"X 线电子放疗临床治疗仪"的专利，申请号为 US06795373，该平行平面图像数据转换为用于三维治疗规划的束眼发散视图数据；1995 年东芝申请了名为"放射治疗处理装置"的专利，申请号为 JP07058629，基于由医用图像诊断装置获得的包括被检体治疗部位的图像诊断数据，制作诊断部位的三维图像；2006 年 12 月中国科学院也申请了名为"重离子束对肿瘤靶区的三维适形照射装置"的专利，申请号为 CN200620164842.1。

4.3.1.4 调强放疗技术

调强放疗技术主要进展是将三维适形放疗每个方向的每个大野变成若干小野（子野），这样就可以使肿瘤内部和肿瘤周围的剂量调节非常精细，从而实现肿瘤靶区内外根据需要进行剂量强度的调整，就是说想要某部位剂量大或剂量小都可以调整。调强放疗技术的关键是限制子野运动的多叶光栅（MLC）叶片宽度、移动速度、机架旋转方式及剂量计算精度。调强放疗技术根据临床应用要求，经过 20 多年的技术进展，从最初的静态调强放疗和动态调强放疗已发展到了容积旋转调强放疗（VAMT）和螺旋断层调强放疗（TOMO）。调强放疗效果由子野数目、子野移动速度、剂量计算、放疗时间、多叶光栅耐用程度等关键技术决定。2006 年 3 月 Wisconsin Alumni Research Foundation申请名为"小场强调制放射治疗机"的专利，申请号为 US11576358，通过一种孔径为 30cm 或更小的小场放射治疗机提供改进的射线清晰度，用于对诸如头部和乳房的人体部分进行专门治疗；2010 年 4 月西门子申请了名为"用于在医学放射治疗中基于 X 射线的强调软组织的装置"的专利，申请号为DE102010015224，通过监视治疗所需的辐射剂量，其基于 X 射线的强调软组织的相位对比成像，该方案可以在放射治疗装置中使用。强调软组织的成像结果可以用于实时和非实时治疗规划以及对治疗规划或辐射剂量的调整。

4.3.1.5　图像引导放疗技术

图像引导放疗技术主要是解决每次放疗患者时的治疗精度问题。放疗从定位、计划到实施是一系列复杂的过程，而且患者定位后要离开一段时间才回到治疗室实施治疗。如何保障患者 CT 定位时体位、肿瘤位置以及治疗计划剂量都准确无误呢？这就需要在治疗时采用图像引导技术。图像引导技术在放疗技术的各个发展阶段都有应用，只是图像的质量和离线、在线的差别。三维适形放疗、立体定向放疗、调强放疗都需要图像引导。图像引导技术包括 X 射线照片验证、CT 离线验证、在线 EPID、CBCT、FBCT、超声、MRI 和 PET等图像验证以及金标植入追踪技术等。图像引导放疗技术提高了治疗精度，保障了放疗全程的质量，智能化操作和信息化管理能力更强，使放疗效率更高（剂量率提高），并进入精准治疗阶段。放疗技术发展到今天，已经从现代化放疗跨入了精准放疗的时代。2005 年 6 月安科锐公司申请了名为"图像引导放射治疗的 X 射线图像与锥束 CT 扫描的精密配准方法和装置"的专利，申请号为 US11171842，在近似的治疗期间获得感兴趣区域的二维 X 射线图像，其中所述二维 X 射线图像包括所述感兴趣区域的多对投影图像；以及在所述近似的治疗期间将所述二维 X 射线图像与对应的二维治疗前 X 射线图像相配准以获得二维配准结果，该所述二维治疗前 X 射线图像包括所述感兴趣区域的多对投影图像。2013 年 10 月医科达公司申请了名为"图像引导的辐射治疗仪"

的专利，申请号为 GB1319029。

4.3.2　创新主体分析

图 4-3 展示了肿瘤治疗器械专利申请量排名前 10 位的全球申请人。

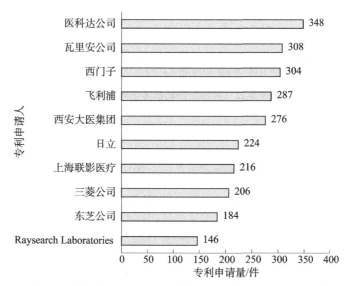

图 4-3　肿瘤治疗器械专利申请量排名前 10 位的全球申请人

从图 4-3 可以看出，排名前十位的申请人中，除了西安大医集团以及上海影联医疗外，其余均为海外医疗器械企业。专利申请量排名第一位的是医科达公司，其在肿瘤治疗器械领域共申请相关专利 348 件，来自瑞典的医科达公司是全球领先的专注于为全身肿瘤和脑部疾病提供放射治疗解决方案的国际化公司，由世界第一台伽马刀的发明者莱克赛尔于 1972 年创立。紧随其后的是来自美国的瓦里安公司，相关专利申请量为 308 件。瓦里安公司是全球综合放射治疗设备软硬件以及 X 射线诊断设备关键软硬件的供应商。排名第三位的是来自德国的西门子，相关专利申请量为 304 件，前三名的相关专利申请量均超过 300 件，专利申请量差异较小，研发实力不相上下。飞利浦的相关专利申请量排名第四位，共申请相关专利 287 件。之后是来自中国的西安大医集团，共申请相关专利 276 件。分列第六位至第十位的申请人为来自日本的日立、来自中国的上海影联医疗、来自日本的三菱公司、东芝公司以及来自瑞典的 Raysearch Laboratories，相关专利申请量分别为 224 件、216 件、206 件、184 件以及 146 件。

专利申请量排名前 10 位的申请人中已有两家中国企业入围，可见近年来我国在肿瘤治疗器械领域的发展较为突出，也比较注重通过专利进行相关技术的保护。

4.3.3　重点专利分析

4.3.3.1　涉诉专利（限于中国）

表 4-12 列出了肿瘤治疗器械涉诉的中国专利。

表 4-12　肿瘤治疗器械涉诉中国专利

序号	公开（公告）号	标题	申请日	当前专利申请（专利权）人	法律状态
1	CN102144932B	内镜下微创剥离刀	2011-05-06	潘文胜	失效
2	CN201185955Y	内镜下黏膜切开刀	2008-01-31	潘文胜；罗祖炎；应富	失效
3	CN102258393B	多功能内镜下微创剥离刀	2011-05-06	潘文胜	失效
4	CN2560309Y	颌面骨手术电动旋转锉	2002-08-22	梁雄；梁巍	失效
5	CN201631249U	一种内窥镜活体取样钳	2010-03-10	安瑞医疗器械（杭州）有限公司	失效
6	CN101267774B	手术钻头、手术钻头组、用于切割骨骼的系统	2006-09-22	安婕；西柯玛；霍格兰德；亚普；乔纳斯	有效
7	CN206391242U	一种腹腔镜吸引器以及口部结构	2016-07-04	中国人民解放军第四军医大学	有效
8	CN101972188A	精确控温肿瘤治疗仪及其控制方法	2010-11-10	李克功	审中
9	CN104224434B	精确控温肿瘤治疗仪	2010-11-10	深圳爱克瑞思医疗科技有限公司	失效
10	CN201855332U	精确控温肿瘤治疗仪	2010-11-10	深圳爱克瑞思医疗科技有限公司	失效
11	CN101843945A	氢氧鼻腔输治癌仪	2009-03-29	寿见祥	失效

4.3.2.2　无效后仍维持有效的专利（限于中国）

表 4-13 列出了肿瘤治疗器械被无效申请后仍有效的专利。

表 4-13　肿瘤治疗器械被无效申请后仍有效的专利

序号	公开（公告）号	标题	申请日	当前专利申请（专利权）人	法律状态
1	CN101267774B	手术钻头、手术钻头组、用于切割骨骼的系统	2006-09-22	安婕；西柯玛；霍格兰德；亚普；乔纳斯	有效

4.3.3.3　其他重点专利 ❶

表 4-14 列出了肿瘤治疗器械的重点专利。

表 4-14　肿瘤治疗器械重点专利

序号	公开（公告）号	标题	申请日	当前专利申请（专利权）人	法律状态
1	CN101248441B	图像引导放射治疗的 X 射线图像与锥束 CT 扫描的精密配准方法和装置	2006-06-27	艾可瑞公司	有效
2	CN102596318B	放射线治疗装置以及控制方法	2011-08-30	东芝医疗系统株式会社	有效
3	CN111956958B	被检体定位装置、方法、记录介质和放射线治疗系统	2018-03-16	东芝能源系统株式会社	有效
4	CN108744306B	被检体定位装置、被检体定位方法和放射线治疗系统	2018-03-16	东芝能源系统株式会社	有效
5	CN113577577A	自适应放射疗法系统	2018-09-05	医科达有限公司	审中
6	CN108883294B	用于在整个放射治疗中监视结构运动的系统和方法	2016-10-14	医科达有限公司	有效
7	CN1717267A	放射治疗设备及操作方法	2003-11-13	埃莱克特公司	失效
8	CN103260701A	采用大腔膛的核及磁共振成像或者大腔膛的 CT 及磁共振成像的辐射治疗规划和跟踪系统	2011-12-13	皇家飞利浦电子股份有限公司	有效

❶　其他重点专利是指，除发生诉讼和无效的重点专利以外，从权利要求保护范围、同族专利申请数量、被引用次数等角度筛选出的授权有效的专利。

序号	公开（公告）号	标题	申请日	当前专利申请（专利权）人	法律状态
9	CN113017669A	医学图像处理的装置、方法、计算机可读程序以及移动对象跟踪装置和放射治疗系统	2017-11-21	株式会社东芝；东芝能源系统株式会社	审中
10	CN105163805A	用于放射治疗系统的能量降能器	2014-03-14	瓦里安医疗系统公司	有效
11	CN1272804C	放射治疗设备	2001-09-19	埃莱克特公司	失效
12	CN101137411B	放射治疗装置	2006-03-01	伊利克塔股份有限公司	有效
13	CN1303616C	放射治疗的装置和方法，其中准直仪头盔包括控制准直仪开孔的可滑动板	2003-06-25	埃莱克塔公共有限公司	失效
14	CN108078576B	医学图像处理的装置、方法、计算机可读程序以及移动对象跟踪装置和放射治疗系统	2017-11-21	株式会社东芝；东芝能源系统株式会社	有效
15	CN104936653B	一种多用途放射治疗系统	2013-11-01	西安大医集团股份有限公司	有效
16	CN100560022C	应用于放射治疗的成像设备	2003-07-22	瓦里安医疗系统有限公司	失效
17	CN110292722A	用于放射治疗系统的能量降能器	2014-03-14	瓦里安医疗系统公司	失效
18	CN1303617C	用于聚焦放射治疗领域的装置和方法，其中准直仪环上的滑板控制准直仪	2003-06-25	埃莱克塔公共有限公司	失效
19	CN104470583B	X射线定位装置、X射线定位方法及关注图像拍摄方法	2012-07-13	株式会社日立制作所	有效
20	CN101472649B	放射治疗仪	2006-04-27	医科达（北京）医疗器械有限公司	有效
21	CN106462963B	用于自适应放射治疗中自动勾画轮廓的系统和方法	2015-02-24	医科达有限公司	有效

序号	公开 （公告）号	标题	申请日	当前专利申请 （专利权）人	法律 状态
22	CN105530993B	具有高级图形用户界面的放疗系统	2014-09-11	埃莱克塔公共有限公司	有效
23	CN105611967A	外部射束放射治疗与磁共振成像系统的坐标系的对齐	2014-09-22	皇家飞利浦有限公司	有效
24	CN106471507B	辐射治疗规划系统和方法	2015-06-25	皇家飞利浦有限公司	有效
25	CN102762256A	用 X 射线工作的医疗设备以及用于运行这种设备的方法	2011-02-02	西门子保健有限责任公司	有效
26	CN112827076B	粒子线治疗装置	2016-09-29	株式会社东芝；东芝能源系统株式会社	有效
27	CN102264436B	粒子射线治疗装置	2009-04-24	株式会社日立制作所	有效
28	CN111712299A	粒子线治疗装置	2019-01-18	株式会社东芝；东芝能源系统株式会社	有效
29	CN104023791A	粒子射线照射装置及粒子射线治疗装置	2011-11-03	株式会社日立制作所	有效
30	CN101120381B	用于确定靶向给药的注入点的设备和方法	2006-02-13	皇家飞利浦电子股份有限公司	有效
31	CN102763170A	用于在目标体积内沉积剂量的辐照装置和辐照方法	2011-02-02	西门子公司	失效

4.4　肿瘤诊断器械

4.4.1　技术路线分析

肿瘤诊断器械主要包括影像诊断器械、实验室诊断器械、液体活检诊断器械、组织病理学诊断器械以及分子影像诊断器械等。其中，多数设备为多种疾病的通用诊断设备，对于抗肿瘤不具有代表性。而液体活检诊断器械则主要用于肿瘤诊断领域，本部分将以液体活检诊断器械为主进行相应的技术路线分析。

液体活检一般是指通过检测血液中的 CTC（循环肿瘤细胞）和 ctDNA（循环肿瘤 DNA）获取患者的肿瘤病变信息，用以帮助诊断治疗。癌症在发生与发展的过程中会释放一系列癌症组分到血液当中。液体活检就是通过分析血液中的这些癌症组分来实现癌症的早期筛查、分子分型、预后、用药指导以及复发监测等临床应用。由于肿瘤的异质性较强，不同个体的肿瘤、同一个体不同部位的肿瘤、同一部位的不同亚克隆组织、同一亚克隆的不同细胞，其中的遗传信息都可以是不尽相同的。传统的组织活检是取病变组织的一部分做检测，存在局限性。液体活检取自全性循环 DNA 分子，理论上更全面，异质性偏差更低。如果结合组织活检和液体活检，则可进一步提高阳性率，使更多患者获益。

液体活检的发展历程主要为四个阶段：科学探索期（20 世纪 90 年代前）、科学发展期（20 世纪 90 年代）、产业成长期（2000—2010 年）、产业爆发期（2011 年至今）。

1988 年 10 月，拜耳公司申请了一件名为"活检装置"的专利，申请号为 US07261746，通过钻取和抽吸动作获取活检样品，与捕获的组织样本一起，活检组织检查部位的液体或其他物质被抽吸到套管中。2005 年 Immunivest Corporation 申请了名为"用于分析循环肿瘤细胞的诊断装置"的专利，申请号为 CA2577299，主要概念源于评估生物样品中细胞的检测和计数的实验室诊断设备系统，以及用于在所需放大倍数下观察细胞微结构的显微镜系统。2008 年 12 月，浙江大学申请了名为"高俘获率高灵敏度的微流控 SPR 生物传感方法和装置"的专利，申请号为 CN200810162901.5，采用三维微通道结构介导的微流控流场来控制循环肿瘤细胞（CTC）的流向与速度，在保证血流高通量的前提下，提高 CTC 与 SPR 金属膜的接触概率与结合效率，并依靠 SPR 的高灵敏度检测能力同步实现 CTC 的计量，实现对痕量 CTC 高效率俘获与高灵敏同步检出的目标。2011 年 10 月 Caris Life Sciences Switzerland Holdings Gmbh 申请了一种名为"使用外泌体确定表型的方法和系统"的专利，申请号为 US13009285，通过确定来自受试者的生物样品中外来体的生物特征，并基于该生物特征表征所述受试者中的表型。2015 年 6 月 Sogang University Research Foundation 申请了一件名为"一种用于检测循环肿瘤细胞和干细胞样循环肿瘤细胞的表面增强拉曼散射系统"的专利，申请号为 KR1020150088958，证实当用 SERS 纳米标签标记的血液样品应用于微流控芯片并通过拉曼光谱分析光谱时，可以有效地检测循环肿瘤干样细胞和循环肿瘤细胞。2019 年 6 月中国科学院上海微系统与信息技术研究所申请了一件名为"一种外泌体分离与表面蛋白检测微流控装置及使用方法"的专利，申请号为 CN201910540546.9，该装置依次连接有进样泵、微量注射器、设有磁铁的微流控芯片以及废液收集器，可以实现外泌体在同一芯片系统上的分离与检测。2019 年 11 月飞利浦申请了一件名为"用于诊断图像采集确定的设备"的专利，申请号为 EP19210005，可以基于来自一个或多个血液样本的至少一个生物标记物导出。Smartcatch 公司同年申请了一件名为"用于捕获并检测生物流体中存在的物种的系统"的专利，用于检测在人类或动物生物流体中存在的至少一种循环细胞或细胞聚集体[特别地为在血液流体中存在的循环肿瘤细胞（CTC）]的系统，包括用于过滤流体的装置，该过滤装置包括过滤膜，该过滤膜设计成保留在流体中存在的给定类型的物种，并确保生物流体的连续循环。

4.4.2　创新主体分析

图 4-4 展示了肿瘤诊断器械专利申请量排名前 10 位的全球申请人。

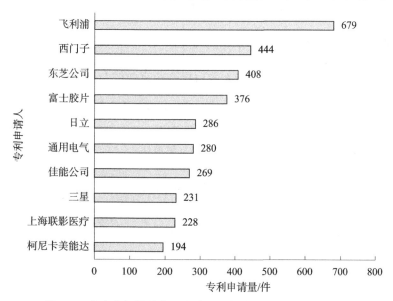

图 4-4　肿瘤诊断器械专利申请量排名前 10 位的全球申请人

从图 4-4 可以看出，只有一家中国企业跻身肿瘤诊断器械相关专利申请量的前列。在排名前十位的申请人中，飞利浦遥遥领先于其他申请主体，共申请相关专利 679 件，排名第一位。来自荷兰的飞利浦是一家世界领先的健康科技公司，尤其在肿瘤筛查、影像诊断等领域在国际上一直处于领先地位。西门子在肿瘤诊断器械领域的相关专利申请量为 444 件，紧随飞利浦之后排名第二位。排名第三位的是来自日本的东芝公司，相关专利申请量同样超过 400 件，共有 408 件。另外，来自日本的富士胶片、日立、佳能公司以及柯尼卡美能达也同样跻身前十位之列，分列第四位、第五位、第七位以及第十位，可见日本在肿瘤诊断器械领域的领先程度较为突出。来自韩国的三星在该领域的专利申请量为 231 件，排名第八位。中国的上海联影医疗在该领域共申请相关专利 228 件，排名第九位。总的来看，肿瘤诊断器械领域的市场目前仍旧主要是被欧洲、美国、日本、韩国的传统医疗器械公司占领。近年来我国在该领域也开始不断发力，并逐渐涌现出类似于上海联影医疗之类的企业。

4.4.3 重点专利分析

4.4.3.1 涉诉专利（限于中国）

在肿瘤诊断器械领域目前无涉诉专利。

4.4.3.2 无效后仍维持有效的专利（限于中国）

表 4-15 列出了肿瘤诊断器械无效后仍维持有效的专利。

表 4-15 肿瘤诊断器械无效后仍维持有效的专利

序号	公开（公告）号	标题	申请日	当前专利申请（专利权）人	法律状态
1	CN114241077B	一种 CT 图像分辨率优化方法及装置	2022-02-23	南昌睿度医疗科技有限公司	有效
2	CN2045626U	肿瘤电脑定性诊断仪	1989-01-25	高贵；陈继勤；杨永久；吕淑清	失效
3	CN88201327U	强冷光透照诊断仪	1988-02-03	河北省泊头市医用光电仪器厂	失效
4	CN2051093U	食管粘膜检测仪	1989-01-01	河南省医药工业公司新乡电医厂	失效

4.4.3.3　其他重点专利 ❶

表 4-16 列出了肿瘤诊断器械领域的重点专利。

表 4-16　肿瘤诊断器械领域的重点专利

序号	公开（公告）号	标题	申请日	当前专利申请（专利权）人	法律状态
1	CN108324310B	医学图像提供设备及其医学图像处理方法	2015-01-12	三星电子株式会社	有效
2	CN103356223B	用于人体医学检测的 CT 成像系统及方法	2013-04-01	中国科学院高能物理研究所	失效
3	CN103260701B	采用大腔膛的核及磁共振成像或者大腔膛的 CT 及磁共振成像的辐射治疗规划和跟踪系统	2011-12-13	皇家飞利浦电子股份有限公司	有效
4	CN102727235B	X 射线 CT 装置以及图像处理方法	2012-03-28	东芝医疗系统株式会社	有效
5	CN111789608B	一种成像系统和方法	2020-08-13	上海联影医疗科技股份有限公司	有效
6	CN103365067B	可实现三维动态观测的光栅剪切成像装置和方法	2013-04-01	中国科学院高能物理研究所	失效
7	CN106725571B	医学图像提供设备及其医学图像处理方法	2015-01-12	三星电子株式会社	有效
8	CN111789618B	一种成像系统和方法	2020-08-13	上海联影医疗科技股份有限公司	有效
9	CN105142513B	医学图像提供设备及其医学图像处理方法	2015-01-12	三星电子株式会社	有效
10	CN111789614B	一种成像系统和方法	2020-08-13	上海联影医疗科技股份有限公司	有效
11	CN111789616B	一种成像系统和方法	2020-08-13	上海联影医疗科技股份有限公司	有效

❶　其他重点专利是指，除发生诉讼和无效的重点专利以外，从权利要求保护范围、同族专利申请 数量、被引用次数等角度筛选出的授权有效的专利。

序号	公开（公告）号	标题	申请日	当前专利申请（专利权）人	法律状态
12	CN108078576B	医学图像处理的装置、方法、计算机可读程序以及移动对象跟踪装置和放射治疗系统	2017-11-21	株式会社东芝；东芝能源系统株式会社	有效
13	CN109074639B	医学成像系统中的图像配准系统和方法	2016-03-15	上海联影医疗科技股份有限公司	有效
14	CN111212591B	医疗图像处理装置及内窥镜装置	2018-10-16	富士胶片株式会社	有效
15	CN101563624B	PET/MRI 混合成像系统中的运动校正	2007-12-13	皇家飞利浦电子股份有限公司	失效
16	CN1277511C	具有留下伪迹的尖端的 MRI 兼容外科活组织检查装置	2002-12-12	伊西康内外科公司	失效
17	CN103356208B	用于人体医学检测的二维成像系统及方法	2013-04-01	中国科学院高能物理研究所	失效
18	CN101600387B	用于对不透明介质的内部进行光学成像的方法、用于重建不透明介质内部的图像的方法、用于对不透明介质的内部成像的设备	2007-12-17	皇家飞利浦电子股份有限公司	失效
19	CN103648385B	具有用于选择候选分割图像的独立按钮的医学成像设备	2012-04-17	皇家飞利浦有限公司	失效
20	CN106687046B	用于定位进行医学成像的患者的引导系统	2016-05-09	皇家飞利浦有限公司	有效
21	CN103364418B	光栅剪切二维成像系统及光栅剪切二维成像方法	2013-04-01	中国科学院高能物理研究所	失效
22	CN103356207B	基于光栅剪切成像的医学检测设备和方法	2013-04-01	中国科学院高能物理研究所	失效

续表

序号	公开 （公告）号	标题	申请日	当前专利申请 （专利权）人	法律 状态
23	CN103365068B	光栅剪切三维成像系统及光栅剪切三维成像方法	2013-04-01	中国科学院高能物理研究所	失效
24	CN100477967C	包含可成像穿刺部分的MRI活检器械	2005-05-20	德威科医疗产品公司	失效
25	CN100443057C	装有套管和多功能闭塞器的磁共振成像活组织检查器械	2005-05-23	德威科医疗产品公司	失效
26	CN102579067B	用于在医学成像系统的平台上辅助定位器官的方法	2012-01-04	通用电气公司	有效
27	CN106471132B	肺癌的检测试剂盒或装置以及检测方法	2015-06-18	东丽株式会社；国立研究开发法人国立癌症研究中心	有效
28	CN106488986B	乳癌的检测试剂盒或装置以及检测方法	2015-06-12	东丽株式会社；国立研究开发法人国立癌症研究中心	有效
29	CN106459964B	食道癌的检测试剂盒或装置以及检测方法	2015-06-18	东丽株式会社；国立研究开发法人国立癌症研究中心	有效
30	CN106661619B	大肠癌的检测试剂盒或装置以及检测方法	2015-06-12	东丽株式会社；国立研究开发法人国立癌症研究中心	有效
31	CN106459963B	前列腺癌的检测试剂盒或装置以及检测方法	2015-06-12	东丽株式会社；国立研究开发法人国立癌症研究中心	有效
32	CN106414774B	胆道癌的检测试剂盒或装置以及检测方法	2015-06-11	东丽株式会社；国立研究开发法人国立癌症研究中心	有效

续表

序号	公开（公告）号	标题	申请日	当前专利申请（专利权）人	法律状态
33	CN106459961B	胰腺癌的检测试剂盒或装置以及检测方法	2015-05-29	东丽株式会社；国立研究开发法人国立癌症研究中心	有效
34	CN107850768B	数字病理系统	2016-07-15	皇家飞利浦有限公司	有效
35	CN108836375B	用于全身连续床运动参数化 PET 的系统和方法	2018-04-25	美国西门子医疗系统股份有限公司	有效

4.5　小结

4.5.1　抗肿瘤药物方面

在抗肿瘤药物方面，通过对小分子靶向药及单抗类药物的技术路线研究，可以得知目前为了应对靶向抗癌药物的重大挑战，已经采取了许多策略，如抗耐药突变的新一代抗癌药物、多靶向药物、联合治疗和针对肿瘤干细胞的药物。该领域的几个新研究趋势也是需要关注的：第一个是针对新型癌症靶点的药物发现。例如，在过去几年中，一些新的表观遗传调控蛋白已经引起了越来越多的关注，如 RNA m6A 甲基化相关蛋白（METTL3/14、FTO、ALKBH5、WTAP 和 YTHDFs）；微 RNA（miRNA）是另一种新型癌症靶点，它们在癌症中经常失调，可能成为癌症治疗的靶点。目前，已经发现了一些针对 miRNA 的小分子抑制剂，如 miR-21 抑制剂 AC1MMYR2（也称为 NSC211332）、Lin28-let-7 抑制剂 6- 羟基 -DL-DOPA、SB/ZW/0065 和 KCB3602。第二个是将小分子靶向药物与 PD-1 抗体等免疫疗法相结合。乐伐替尼 +K 药于 2018 年被美国 FDA 指定为晚期或转移性肾细胞癌（RCC）患者的突破性治疗用药。接受联合治疗的所有 RCC 患者的 ORR 为 63.3%，一线治疗组为 83.3%。K 药与另一种小分子抗血管生成药物阿西替尼的联合治疗已被批准用于晚期肾细胞癌患者。这也是首个被美国 FDA 批准用于晚期肾细胞癌的 PD-1 抗体与靶向药物联合治疗的药物。尽管存在大分子药物的竞争，小分子靶向药物由于其独特的优势将继续成为癌症治疗的主流。随着对肿瘤病理学的深入了解和新药研发技术的发展，未来将开发更多针对新基因或作用机制的新型小分子抗癌药物，联合治疗（如小分子靶向药物与肿瘤免疫治疗、ADC 和 PROTAC 的结合）将获得重大发展。

4.5.2　抗肿瘤器械方面

抗肿瘤器械方面，通过对放射治疗器械的技术路线研究，可知目前放射治疗器械已由早期的二维技术发展为更加先进的三维、四维放射治疗技术，其中，三维适形放疗技术，即 3D-CRT，与其相适应的遮光器能够随射野改变而适形变化，准确适应肿瘤形状，使高剂量区分布形状在三维方向上与病变靶区完全一致、射野形状与病变靶区的投影保持一致，多叶遮光器对射野内诸点的输出剂量率可按要求不断进行调整。从三维任意角度勾画肿瘤靶区，能清楚地将均匀的高剂量锁定在该区域，而周围正常组织几乎不受照射，或者少受照射，通过增加肿瘤区照射剂量，从而达到提高肿瘤控制率的目的。目前这项技术已比较成熟，在肺癌、前列腺癌和乳腺癌等肿瘤治疗中，已经显示出非常好的前景。图像导航放射治疗 IGRT 在三维放疗技术的基础上加入了时间因素的概念，充分考虑了解剖组织在治疗过程中的运动和分次治疗间的位移误差，如呼吸和蠕动运动、日常摆位误差、靶区收缩等引起的放疗剂量分布的变化和对治疗计划的影响等情况，在患者进行治疗前、治疗中利用各种先进的影像设备对肿瘤及正常器官进行实时监控，并根据器官位置的变化调整治疗条件，使照射野紧紧"追随"靶区，做到真正意义上的精确放疗。容积弧形调强放射治疗技术（VMAT）是在图像引导放射治疗技术（IGRT）基础上成功研发的，集新型高精尖加速器与逆向优化治疗计划设计软件、精密三维和两维的剂量验证设备于一身，有效提高肿瘤控制率。在准确程度上，该技术可在 360° 多弧设定的任何角度范围内旋转照射，比传统治疗方式照射范围更大。同时，该技术还能调整控制放射线在肿瘤上的强度，每次治疗时可立即取得三维电脑断层扫描影像并做精准治疗定位。

通过对液体活检诊断器械的技术路线研究可知，该技术包括对血液、尿液或唾液等体液进行采样和分析，以寻找癌症或其他疾病的迹象，可以检测出一系列由肿瘤脱落的生物标志物类型。相比于组织活检，液态活检技术具有无创、可重复性强、可实现早期诊断、可进行动态监测、克服肿瘤异质性等优势。常见的液体活检技术主要有数字 PCR（dPCR）、实时定量 PCR（gPCR）和二代测序（NGS）三种。其中 dPCR 通常用于单位点检测；gPCR 用于单基因多位点检测；NGS 则可同时检测大量基因的不同突变类型。作为新兴的癌症诊疗技术手段之一，液体活检技术领域的研究近年来稳步增长，并在多种实体瘤诊疗中取得了重大进展。目前液体活检技术应用最多的癌症莫过于非小细胞肺癌。2016 年美国 FDA 批准了首款液体活检技术用于 EGFR 突变的检测，它可检测非小细胞肺癌患者 EGFR 19 号外显子缺失或者 21 号外显子 L858R 置换突变，以此来指导 EGFR 靶向药的应用。自此以后，大量的临床研究接踵而至，液体活检技术逐渐从临床研究走向实际应用。

第5章 重点关注创新主体分析

本章围绕抗肿瘤产业国内外优势企业，从专利申请趋势及全球专利布局、专利技术分布情况、发明人及重点专利入手，分析掌握优势企业的专利技术布局情况，判别行业的技术发展方向。

5.1 江苏恒瑞医药股份有限公司

5.1.1 申请趋势及全球专利布局情况

图 5-1 展示了恒瑞医药抗肿瘤药物全球专利申请量申请趋势。

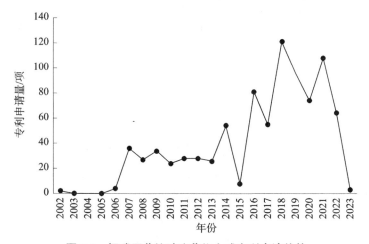

图 5-1 恒瑞医药抗肿瘤药物全球专利申请趋势

从图 5-1 可以看出，恒瑞医药专利申请量整体处于上升趋势，恒瑞医药成立之初主要从事仿制药的生产和销售，随着市场竞争的加剧，恒瑞医药开始转型升级，将抗肿瘤药研发作为主要方向。通过自主研发和技术引进，恒瑞医药在抗肿瘤药领域取得了长足的进展，2004 年开始进行抗肿瘤药物方面的专利申请。在激酶抑制剂方面，恒瑞医药坚持自主研发，2004 年首次提出了作为蛋白激酶抑制剂的氨基嘧啶类化合物。恒瑞医药的热门产品甲磺酸阿帕替尼片于 2015 年上市，2016 年销售业绩达到近 10 亿元，成为恒瑞医药旗下的"明星"产品，2017 年 4 月被纳入新版医疗保险目录谈判范围（44 个品种之一）。随着抗肿瘤药物带来的巨大收益，恒瑞医药逐步加大了研发投入，2021 年研发投入金额达 62.03 亿元，同比增长 24.34%，占总营收的 23.95%，也因此其专利申请数量逐渐递增。2021 年恒瑞医药专利申请量下降，可能是因为发明专利初步审查后，自申请之日起 18 个月才公开。

图 5-2 展示了恒瑞医药抗肿瘤药物全球专利区域分布情况。

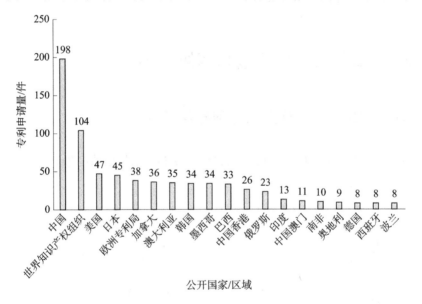

图 5-2　恒瑞医药抗肿瘤药物全球专利区域分布

从图 5-2 可以看出，恒瑞医药在本土的专利申请量最多，其次是 PCT，表明其十分注重抗肿瘤药物的全球布局，这也充分反映出恒瑞医药对全球市场的看重。恒瑞医药在美国的专利申请量为 88 件，而在其他国家和区域，专利申请量均在 50 件以下，这也充分表明，在美国这个抗肿瘤药物市场竞争相对激烈的国家，做好专利布局才能更好地保护自己的产品和市场。

5.1.2　技术分布情况分析

图 5-3 展示了恒瑞医药抗肿瘤药物全球专利技术分布情况。图 5-4 展示了恒瑞医药小分子靶向药靶点专利分布情况。

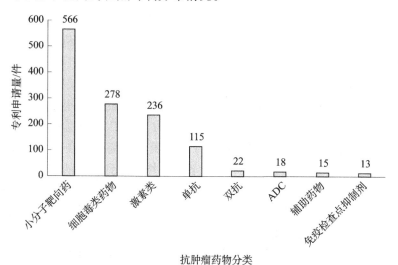

图 5-3　恒瑞医药抗肿瘤药物全球专利技术分布

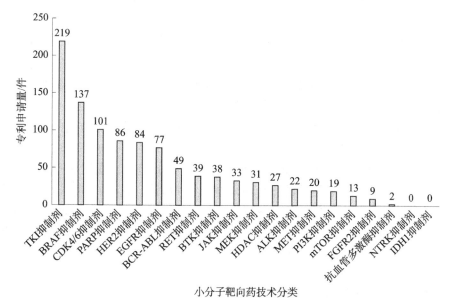

图 5-4　恒瑞医药小分子靶向药靶点专利分布

从恒瑞医药在抗肿瘤药物各技术分支的专利申请量可以看出，恒瑞医药在抗肿瘤药物各二级技术分支的专利申请量中，小分子靶向药排名第一位，是排名第二位的细胞毒类药物的两倍多，这是其抗肿瘤专利布局的重点方向。从小分子靶向药的具体技术分支的专利申请量可以看出，目前 TKI 抑制剂、BRAF 抑制剂、CDK4/6 抑制剂是恒瑞医药专利申请量排名前三位的小分子靶向药具体分支，说明这几个方向均是恒瑞医药在小分子靶向药物方面重点的研究和专利布局方向。

其抗肿瘤药物第二代单抗类药物、第三代双抗类药物以及第四代的 ADC 和免疫检查点抑制剂，专利申请量相对于小分子靶向药少了很多。其中，单抗类药物的专利申请量为 115 件，而双抗类药物、ADC 和免疫检查点抑制剂的专利申请量分别为 22 件、18 件以及 13 件，表明恒瑞医药在这些比较新型的药物方面还处于探索阶段，专利布局量较少，均未达到一定的数量。但是基于其药物治疗原理，其相对安全性更高、效果更好，未来肯定是抗肿瘤药物的热门方向，因此，恒瑞医药应该加大这些方向的研发投入，并进行相应的专利申请，以便在未来的竞争中站稳脚跟。

从图 5-4 可以看出，恒瑞医药专利申请量最多的是 TKI 抑制剂方向，其专利申请量为 219 件。吡咯替尼是恒瑞医药自主研发并拥有知识产权的口服 HER1、HER2、HER4 酪氨酸激酶抑制剂（TKI），也是中国首个自主研发的抗 HER1/HER2/HER4 靶向药。排名第二位的是 BRAF 抑制剂，专利申请量为 137 件。排名第三位的是 CDK4/6 抑制剂，作为乳腺癌的热门赛道，其市场规模不可估量。SHR6390 就是恒瑞医药自主研发的一类新药，是一种口服、高效、选择性的小分子 CDK4/6 抑制剂。其他靶点方面的小分子靶向药的专利申请量均在 100 件以下。恒瑞医药的抗肿瘤药品是其强势领域，经过十几年的专利布局，几乎涉猎了全部类型的抗肿瘤药物，在小分子靶向药方面的布局全面性可看出，产品未动，专利先行，在此过程中，恒瑞医药形成了较成熟的专利申请策略：参考已上市或在研药物结构，设计类似但又存在明显差异的类似物，对初步研究显示有活性的化合物即提出专利申请，这些专利多请求保护通式化合物，以期对类似结构化合物进行充分的前期保护，之后再继续研发通式中的具体结构化合物，选择活性最好的化合物继续申请专利，并围绕该化合物的盐、晶体进行全方位的专利布局，成功地塑造了几个"重磅"专利药物。

5.1.3 发明人情况分析

图 5-5 展示了恒瑞医药抗肿瘤药物全球专利发明人专利申请排名情况。

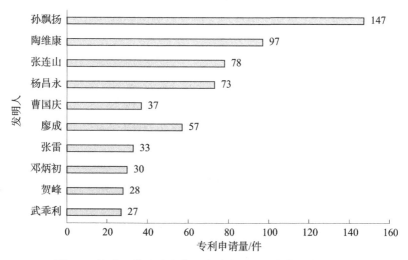

图 5-5　恒瑞医药抗肿瘤药物全球专利发明人专利申请排名

图 5-5 为恒瑞医药的发明人的专利申请量排名，从图中可以看出，孙飘扬在恒瑞医药所有发明人中排名第一，其专利申请量为 147 件。孙飘扬是恒瑞医药的董事长，也是医药行业的顶尖人才之一。恒瑞医药在研发上的投入是其销售总额的 15.33%，相对于国内很多重视研发的企业的 10% 是较高的。孙飘扬对于制药技术创新与研发的重视使得恒瑞医药能够在医药行业持续发展。排名第二位的为陶维康，现已经离开恒瑞医药，出任齐鲁制药集团副总裁兼齐鲁全球创新药研发总经理。在加入齐鲁制药集团之前，陶维康任职恒瑞医药副总经理兼研发中心负责人，曾参与 PD-1 的开发工作。在此之前，陶维康曾在默沙东从事新药研发十多年，任资深研究员和部门主管，主持过多个抗癌新药的研发和项目管理。排名第三位的发明人是张连山，1982 年毕业于中国药科大学（原南京药学院），获理学学士学位；1992 年毕业于德国蒂宾根（Tübingen）大学，获有机化学博士学位；后赴美国 Vanderbilt 大学医学中心从事博士后研究。1998 年张连山加入美国礼来公司，曾担任多个研究项目的高级化学家、首席研究科学家以及研究顾问等职务，分别于 2003 年和 2007 年两次荣获美国礼来公司研发最高总裁奖。2008 年 7 月至 2010 年 4 月他担任美国 Marcadia Biotech 公司的高级化学总监，参与研发的五个候选药物成功进入临床研究。2010 年加盟恒瑞医药后，张连山与他的团队建立了国际领先的创新药物研发体系，研制出一系列具有国际领先水平的抗肿瘤、糖尿病、心血管类创新药物，其中，阿帕替尼、长效 GCSF、吡咯替尼等国家 1.1 类创新药物获批上市。其在国际 SCI 学术刊物上发表论文数十篇，申请专利近 100 件。2012 年，张

连山被江苏省人才工作领导小组评为"江苏省留学回国先进个人"。

5.1.4 重点专利列表

表 5-1 列出了恒瑞医药抗肿瘤药物全球重点专利❶。

表 5-1 恒瑞医药抗肿瘤药物全球重点专利

序号	公开（公告）号	标题	申请日
1	JP5256047B2	ピロロ [3,2-c] ピリジン -4- オン 2- インドリノン（indolinone）プロテインキナーゼ阻害剤	2007-01-24
2	CN102271659B	伊立替康或盐酸伊立替康脂质体及其制备方法	2009-12-03
3	US20100004239A1	Pyrrolo [3,2-C] Pyridine-4-One 2-Indolinone Protein Kinase Inhibitors	2007-01-24
4	RU2564527C2	ПРОИЗВОДНОЕ ФТАЛАЗИНОНКЕТОНА, СПОСОБ ЕГО ПОЛУЧЕНИЯ И ЕГО ФАРМАЦЕВТИЧЕСКОЕ ПРИМЕНЕНИЕ	2011-07-26
5	CN102686591B	酞嗪酮类衍生物、其制备方法及其在医药上的应用	2011-07-26
6	US9566277B2	Methods of using phthalazinone ketone derivatives	2016-02-05
7	EP3255046B1	Hydroxyethyl sulfonate of cyclin-dependent protein kinase inhibitor, crystalline form thereof and preparation method therefor	2016-01-12
8	US10160759B2	Hydroxyethyl sulfonate of cyclin-dependent protein kinase inhibitor, crystalline form thereof and preparation method therefor	2018-04-13
9	US9273052B2	Phthalazinone ketone derivative, preparation method thereof, and pharmaceutical use thereof	2011-07-26
10	US9309226B2	Crystalline form I of tyrosine kinase inhibitor dimaleate and preparation methods thereof	2013-06-04
11	CN103974949B	一种酪氨酸激酶抑制剂的二马来酸盐的 I 型结晶及制备方法	2013-06-04
12	CN104936945B	吡啶酮类衍生物、其制备方法及其在医药上的应用	2014-09-05

---

❶ 重点专利是指从同族专利申请数量、被引用次数等角度筛选出的被授权有效的专利。

续表

序号	公开（公告）号	标题	申请日
13	US9527851B2	Pyrrole six-membered heteroaryl ring derivative, preparation method thereof, and medicinal uses thereof	2012-12-19
14	CN102471312B	6-氨基喹唑啉或 3-氰基喹啉类衍生物、其制备方法及其在医药上的应用	2010-08-26
15	US20160264578A1	Pyrazolopyrimidone or pyrrolotriazone derivatives, method of preparing same, and pharmaceutical applications thereof	2014-09-30
16	CN103958480A	咪唑啉类衍生物、其制备方法及其在医药上的应用	2013-08-26

5.2　诺华

5.2.1　申请趋势及全球专利布局情况

图 5-6 展示了诺华抗肿瘤药物全球专利申请趋势。

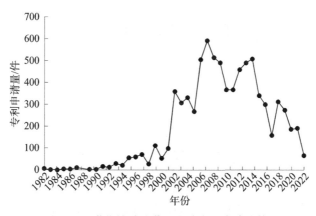

图 5-6　诺华抗肿瘤药物全球专利申请趋势

从图 5-6 可以看出，诺华专利申请量整体处于上升趋势，从 2002 年开始，诺华的专利申请量出现了快速增长，从 2001 年的 100 件以下增长到了 2002 年的 300 多件。2001 年诺华的伊马替尼（又名格列卫）正式上市，这款药物从病理机制被发现到真正上市，走了 41 年之久。伊马替尼的上市让诺华"一战成名",奠定了诺华在行业的地位,2015年伊马替尼的年销售额达到最高46.85亿美元。诺华在专利申请上也体现了快速增长的状态,随后由于在抗肿瘤药物方面积累的技术优势,诺华在抗肿瘤药领域取得了长足的进展,2001—2015年专利申请量基本在500件上下,并且通过一些并购实现了在抗肿瘤药物方面的进一步发展。例如,2000年9月,诺华以8亿美元的价格收购眼科领域的Wesley Jessen公司;2005年,诺华以85亿美元的价格收购了德国第二大仿制药企业赫素制药(HexalAG)全部股份;2014年,诺华以145亿美元收购GSK抗肿瘤产品。诺华2023年的半年报显示,集团上半年净销售额265.8亿美元,同比增长5%,创新药物净销售额218.1亿美元。近年诺华在抗肿瘤药物方面的研究处于放缓状态,其专利产出量出现相应的降低。从2021年起专利申请量呈现下降趋势,可能是因为发明初步审查后,自申请之日起18个月才公开。

图5-7展示了诺华抗肿瘤药物全球专利区域布局情况。

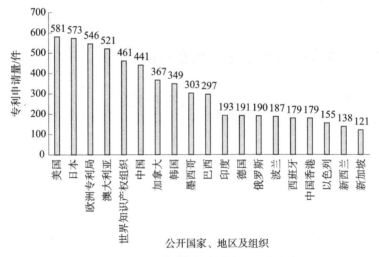

图5-7 诺华抗肿瘤药物全球专利区域分布

从图5-7可以看出,诺华在美国本土的专利申请量最多;其次是在日本,表明其十分注重日本市场的专利布局;排名第三位和第五位的为欧洲专利局以及PCT,这也充分反映出诺华对于全球市场的看重;而在中国的专利布局量为441件,其他国家和地区的专利申请量均在400件以下。这也充分表明,在中国这样抗肿瘤药物市场竞争相对激烈的国家,诺华做好专利布局也是为了更好地保护自己的产品和市场。

5.2.2 技术分布情况分析

图 5-8 展示了诺华抗肿瘤药物全球专利技术分布情况。

图 5-9 展示了诺华小分子靶向药各靶点专利分布情况。

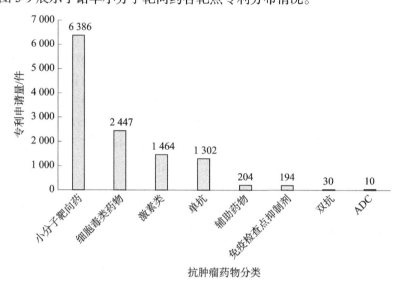

图 5-8 诺华抗肿瘤药物全球专利技术分布

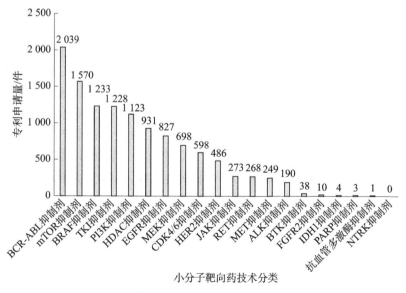

图 5-9 诺华小分子靶向药各靶点专利分布

从诺华在抗肿瘤药物各技术分支的专利申请量可以看出，在抗肿瘤药物各二级技术分支的专利申请量中，小分子靶向药排名第一位，专利申请量为6 386件，几乎是专利申请量排名第二位的细胞毒类药物的3倍。其目前抗肿瘤专利布局的重点是分子靶向药方向，从小分子靶向药的具体技术分支的专利申请量可以看出（图5-9），目前BCR-ABL抑制剂、BRAF抑制剂、MTOR抑制剂是诺华专利申请量排名前三位的小分子靶向药具体分支，说明这几个方向均是诺华在小分子靶向药物方面重点的研究和专利布局方向。

作为抗肿瘤药物第二代的单抗类药物，诺华的专利申请量也达到了1 302件，已经形成一定数量的专利布局，其在单抗类药物方面占据一定的竞争主导地位，而第三代的双抗类药物以及第四代的ADC和免疫检查点抑制剂的专利申请量相对小分子靶向药和单抗类药物则少了很多，其中双抗类药物、ADC以及免疫检查点抑制剂的专利申请量分别为30件、10件以及194件，表明诺华在这些比较新型的药物研究方面还处于探索阶段，专利布局量较小，均未达到一定的数量。

从图5-9中可以看出，诺华专利申请量最多的是BCR-ABL抑制剂方向，专利申请量为2 039件。诺华在BCR-ABL1抑制剂领域占有举足轻重的位置，在获批的8款BCR-ABL抑制剂中占据了3款。伊马替尼是第一个被批准用于治疗CML的BCR-ABL抑制剂，作为第一代抑制剂，使CML患者10年生存率达到85%～90%，年销售额峰值更是逼近50亿美元，其临床和商业上的成功引导了更有效的BCR-ABL抑制剂的开发。诺华的尼洛替尼之后推出，使得第二代BCR-ABL抑制剂在慢性髓细胞白血病的一线和二线治疗中逐渐占据了重要地位，诺华的Asciminib也是第三代BCR-ABL抑制剂的重要产品。mTOR抑制剂的专利申请量为1 570件。诺华作为全球第三个上市的mTOR抑制剂公司，其研发的依维莫司成绩斐然，于2009年3月获批上市，目前已获批用于预防肾移植中的排斥反应，以及治疗乳腺癌、神经内分泌癌、肾癌、结节性硬化症等。依维莫司2019年销售额高达20.2亿美元，2020年销量下滑至15.2亿美元。目前已在中国上市，无仿制药上市，且未有企业启动BE试验。诺华目前仍在开发Temsirolimus、依维莫司其他肿瘤适应症，部分适应症已至Ⅲ期、Ⅱ期临床阶段。排名第三位的是BRAF抑制剂。诺华在TKI抑制剂、PI3K抑制剂方面也均有超过1 000件的专利申请，而在NTRK抑制剂并未进行专利申请。

5.2.3　发明人情况分析

图5-10展示了诺华抗肿瘤药物全球专利发明人专利申请排名情况。

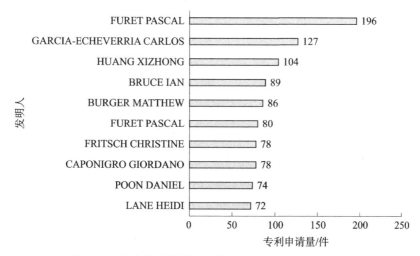

图 5-10　诺华抗肿瘤药物全球专利发明人专利申请排名

从图 5-10 可以看出，FURET、PASCAL 的专利申请量最多，为 196 件，排名第二位的为 GARCIA-ECHEVERRIA CARLOS，专利申请量为 127 件，排名第三位的为 HUANG XIZHONG，专利申请量为 104 件，其他发明人的专利申请量均在 100 件以下。

5.2.4　重点专利列表

表 5-1 列出了诺华抗肿瘤药物全球重点专利。

表 5-2　诺华抗肿瘤药物全球重点专利

序号	公开（公告）号	标题	申请日
1	US8217035B2	Pyrimidine derivatives used as PI-3-kinase inhibitors	2007-01-22
2	JP2009538341A	ピロロピリミジン化合物およびそれらの使用	2007-05-24
3	CN1551767A	癌症的治疗	2002-02-18
4	CN101611058A	PRLR 特异性抗体及其用途	2007-08-17
5	US20040002513A1	3-Substituted-2(arylalkyl)-1-azabicycloalkanes and methods of use thereof	2003-02-21

序号	公开（公告）号	标题	申请日
6	US20120225859A1	Pyrimidine derivatives used as pi-3 kinase inhibitors	2012-05-14
7	CN1832928A	以 5 元杂环为基础的 p38 激酶抑制剂	2004-06-24
8	WO2011113894A1	Pyridine and pyrazine derivative for the treatment of cf	2011-03-17
9	US8247436B2	Pyridine and pyrazine derivative for the treatment of CF	2011-03-14
10	WO2007030377A1	Substituted benzimidazoles as kinase inhibitors	2006-08-30
11	US20100267759A1	INHIBITORS OF Akt ACTIVITY	2008-02-07
12	WO2010026124A1	Picolinamide derivatives as kinase inhibitors	2009-08-31
13	WO2005009973A1	5-membered heterocycle-based p38 kinase inhibitors	2004-06-24
14	WO2007140222A2	Pyrrolopyrimidine compounds and their uses	2007-05-24
15	WO2016020864A1	Protein kinase c inhibitors and methods of their use	2015-08-05
16	WO2003028705A1	Pharmaceutical compositions comprising colloidal silicon dioxide	2002-09-27
17	US7598268B2	Quinolinone derivatives	2004-07-08
18	WO2011025927A1	Compounds and compositions as protein kinase inhibitors	2010-08-27
19	US6800760B2	Quinolinone derivatives	2003-07-03
20	WO2012064805A1	Salt(s) of 7-cyclopentyl-2-(5-piperazin-1-yl-pyridin-2-ylamino)-7h-pyrrolo[2,3-d] pyrimidine-6-carboxylic acid dimethylamide and processes of making thereof	2011-11-09
21	US6605617B2	Quinolinone derivatives	2001-09-11
22	US9199973B2	Bicyclic heteroaromatic compounds as protein tyrosine kinase inhibitors	2014-11-10

序号	公开（公告）号	标题	申请日
23	WO2010029082A1	Organic compounds	2009-09-08
24	US20160339027A1	Bicyclic heteroaromatic compounds as protein tyrosine kinase inhibitors	2016-08-03
25	US8592455B2	Kinase inhibitors and methods of their use	2011-12-15
26	US8329732B2	Kinase inhibitors and methods of their use	2009-08-31
27	US7169791B2	Inhibitors of tyrosine kinases	2003-07-04
28	US8617598B2	Pharmaceutical compositions comprising colloidal silicon dioxide	2012-06-05
29	US8476268B2	Pyrrolidine-1,2-dicarboxamide derivatives	2012-06-05
30	WO2011101409A1	Pyrrolopyrimidine compounds as inhibitors of cdk4/6	2011-02-17
31	CN1561201A	包含胶态二氧化硅的药物组合物	2002-09-27
32	US9309252B2	Pyrrolopyrimidine compounds as inhibitors of CDK4/6	2014-12-12
33	WO2013171639A1	Benzamide derivatives for inhibiting the activity of abl1, abl2 and bcr-abl1	2013-05-09
34	WO2014025688A1	Pharmaceutical combinations comprising a b-raf inhibitor, an EGFR inhibitor and optionally a pi3k-alpha inhibitor	2013-08-05
35	US8710085B2	Pyrrolidine-1,2-dicarboxamide derivatives	2013-05-24
36	CN102186856A	作为 CDK 抑制剂的吡咯并嘧啶化合物	2009-08-20
37	US8227462B2	Pyrrolidine-1,2-dicarboxamide derivatives	2009-09-10
38	US7297703B2	Macrolides	2004-12-23
39	WO2007084786A1	Pyrimidine derivatives used as pi-3 kinase inhibitors	2007-01-22
40	US20030158224A1	Quinolinone derivatives	2002-10-30

序号	公开（公告）号	标题	申请日
41	CN1292788A	作为蛋白酪氨酸激酶抑制剂的二环杂芳族化合物	1999-01-08
42	JP2012500785A	CDK 阻害剤としてのピロロピリミジン化合物	2009-08-20
43	US6605613B2	Macrolides	2001-05-29
44	WO2010020675A1	Pyrrolopyrimidine compounds as cdk inhibitors	2009-08-20
45	US6727256B1	Bicyclic heteroaromatic compounds as protein tyrosine kinase inhibitors	2000-06-30
46	WO2014130310A1	Benzothiophene derivatives and compositions thereof as selective estrogen receptor degraders	2014-02-12

5.3 飞利浦

荷兰皇家飞利浦公司是一家世界领先的健康科技公司，致力于从健康的生活方式及疾病的预防到诊断、治疗和家庭护理的整个健康关护全程。飞利浦凭借先进的技术、丰富的临床经验和深刻的消费者洞察，不断推出整合的创新解决方案。目前在抗肿瘤器械领域，飞利浦在诊断影像、图像引导治疗、肿瘤监测、健康信息化等领域处于领先地位。飞利浦的总部位于荷兰，2017 年健康科技业务的销售额达 178 亿欧元，在全球拥有大约 74 000 名员工，销售和服务遍布世界 100 多个国家或地区。

5.3.1 申请趋势及全球专利布局情况

图 5-11 展示了飞利浦在抗肿瘤器械领域的专利申请量年度变化趋势，从图 5-11 中可知，飞利浦在抗肿瘤器械领域的技术研发起步较早，在 1957 年便开始进行相关专利的布局，目前其在该领域内的专利申请量处于世界第一的位

置。飞利浦的智慧肿瘤整体解决方案覆盖从早期筛查、诊断、治疗选择、治疗
计划与执行，到评估和随访等肿瘤关护的重要环节，通过提供一系列领先的智
能影像设备、放疗模拟定位系统以及数字病理和数字化诊疗平台等信息化系
统，提高多科室协作效率，助力精准个性化诊疗。从总体趋势上分析，虽然飞
利浦在 2010 年左右存在专利申请量波动，但其整体专利申请量处于逐步上升
趋势，尤其在 2013 年之后上升趋势更加明显，并于 2017 年达到峰值，其申请
的专利类型主要为发明专利，考虑到发明专利公开日期滞后，因此近两年的专
利申请量参考性较低可忽略不计。

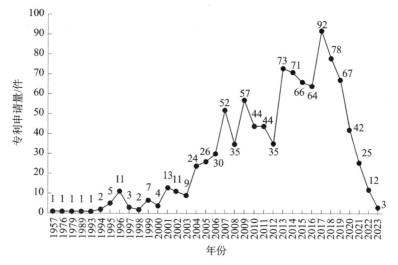

图 5-11　飞利浦抗肿瘤器械全球专利申请趋势

图 5-12 展示了飞利浦抗肿瘤器械全球专利区域分布情况，飞利浦国际专
利申请量共有 206 件，排名第一位，可见 PCT 途径为其进行专利地域布局的
最主要途径；紧随其后，在欧洲专利局申请专利量排名第二位，共计 196 件，
通过欧洲专利局的申请方式，主要考虑其所在的欧洲市场各国能够便捷地获得
相应的专利保护，避免了在欧洲各个国家分别申请的烦琐手续，且专利申请以
及维护成本便于控制；飞利浦在中国申请的专利量排名第三位，共计 180 件，
可见中国为飞利浦非常关注的市场国。中国作为人口大国，患癌人数较多，抗
肿瘤器械缺口同样较大，是众多头部抗肿瘤器械企业的必争之地；另外，在日
本以及美国两个发达国家的专利布局量同样较为突出，分别为 162 件和 128 件，
分列第四、第五位。

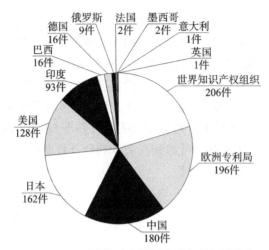

图 5-12　飞利浦抗肿瘤器械全球专利区域分布

5.3.2　技术分布情况分析

图 5-13 展示了飞利浦抗肿瘤器械全球专利在各技术分支方向的布局情况，通过分析可知，飞利浦核心技术优势在于影像诊断器械以及放射治疗器械方向，分别布局有相关专利 378 件以及 232 件。

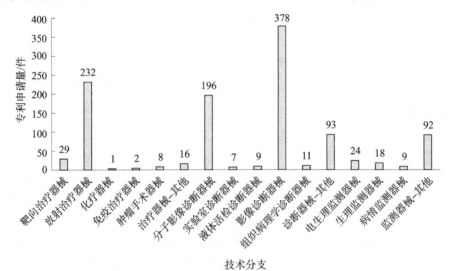

图 5-13　飞利浦抗肿瘤器械全球专利在技术分支方向分布

在影像诊断器械方向，飞利浦医疗 CT 机系列产品涵盖 CT 扫描仪、低剂量 CT、多层 CT 扫描仪、多层螺旋 CT、彩色光谱 CT 等，产品具有剂量低、球管优质、扫描快、CT 成像高清等特点，有助于医生快速开展癌症的临床诊疗；飞利浦医疗的 iDose4 低剂量迭代重建平台可根据临床情况管理调节辐射剂量，结合金属伪影消除技术，在低剂量、低噪声条件下，快速准确生成高分辨率影像，帮助诊疗；飞利浦医疗提供 CT 医学影像系统及 iPatientl 临床诊断分析系统，在保证患者流通量的同时，降低辐射量，提升 CT 医学影像质量，优化操作流程，实现了图像质量、辐射剂量与患者流通量的高效统一。

在放射治疗器械方向，快速、准确和互动的治疗计划工具使 Pinnacle³ 成为飞利浦在放射治疗计划系统领域的重要产品。飞利浦 Pinnacle³ 系统成为在性能和可靠性方面突出的放射治疗计划系统。Pinnacle³ 系统整合了光子、质子、电子、立体定向、近距离放射治疗、模拟、图像融合、调强放疗（IMRT）功能和具有 SmartArc 模块的容积调强（VMAT）功能，可以在同一平台上进行多种治疗计划设计工作。Pinnacle³ 以其出色的功能和可靠性而备受赞誉，其灵活、直观的计划界面简化了工作流程，已成为世界各地众多癌症中心的选择。

5.3.3　发明人情况分析

图 5-14 对飞利浦抗肿瘤器械所有相关专利的发明人进行了统计分析。在所有发明人中，张滨排名第一，共参与 23 件相关专利的发明设计。其余主要发明人及参与发明设计的专利数量分别如下：Andreyev Andriy 为 20 件、Hautvast Quillaume Leopold Theodorus Frederik 为 17 件、Hu Zhiqiang、Heese Harald Sepp 以 及 Bai Chuanyong 均 为 16 件，Isola Alfonso Agatino 与 Bharat Shyam 均为 14 件，Wiemker Rafael 以及 Laurence Thomas Leroy 均为 13 件。

图 5-14　飞利浦抗肿瘤器械全球专利发明人排名

5.3.4 重点专利列表

表 5-3 展示了飞利浦肿瘤器械全球重点专利情况。

表 5-3　飞利浦肿瘤器械全球重点专利

序号	公开（公告）号	标题	申请日
1	GB808611A	用于深度治疗的 X 射线设备的改进或与之相关的改进	1957-05-30
2	CN101120381B	用于确定靶向给药的注入点的设备和方法	2006-02-13
3	WO2006085288A2	设备和方法用于确定一个注射点用于靶向药物递送	2006-02-13
4	EP1859405B1	设备和方法用于确定一个注射点用于靶向药物递送	2006-02-13
5	IN221339A1	一种用于加热存在于目标区域中的磁性粒子的方法及其装置	2005-02-22
6	EP3313305B1	影像制导系统	2016-06-16
7	WO2016207048A1	影像制导系统	2016-06-16
8	BR112015011572B1	从医学图像生成关键图像的系统，工作站或成像设备，从医学图像生成关键图像的方法和由计算机读取的介质	2013-11-12
9	RU2728328C2	用于磁共振成像系统（MRI）的无线通信系统和方法	2016-12-12
10	EP2096988B1	光学成像方法对混浊介质的内部，方法用于重建混浊介质的内部的图像，装置用于对混浊介质的内部成像的，医疗图像采集装置和计算机程序产品，用于使用所述方法和装置	2007-12-17
11	CN101563624B	PET/MRI 混合成像系统中的运动校正	2007-12-13
12	CN101600387B	用于对不透明介质的内部进行光学成像的方法、用于重建不透明介质内部的图像的方法、用于对不透明介质的内部成像的设备	2007-12-17
13	EP2095147A1	一 PET/MRI 的混合成像系统中的运动校正	2007-12-13
14	WO2008075265A1	一 PET/MRI 的混合成像系统中的运动校正	2007-12-13
15	IT1069995B	工序和装置的计算机断层造影	1976-11-22
16	EP2806284B1	用于螺旋桨式磁共振成像的磁共振装置和方法	2008-04-22
17	JP2010512907A	PET/MRI 成像系统，其中的复合运动校正	2007-12-13

序号	公开（公告）号	标题	申请日
18	WO2006054240A2	超声对比剂用于分子成像	2005-11-15
19	EP2074591A2	的方法，系统和计算机程序产品用于检测一突起	2007-09-25
20	WO2008038222A2	的方法，系统和计算机程序产品用于检测一个突起	2007-09-25
21	JP2010504794A	投影检测方法，系统和计算机程序	2007-09-25
22	CN101558429A	检测突起的方法、系统和计算机程序产品	2007-09-25
23	EP2326956B1	用于检测超磁团簇的装置和方法	2009-09-04
24	BRPI1205329A2	通过使用非侵入性设备磁干扰和导联的心内心电图（EKG）设备，使用电导管和磁干扰的非侵入性心内 AT 设备的心内心电图（EKG）方法和计算机程序	2010-09-03
25	WO2011030266A2	设备和方法用于非侵入性心内心电图使用 MPI	2010-09-03
26	IN1850CHENP2012A	设备和方法用于非侵入性心内心电图使用 MPI	2012-02-28
27	EP2477540A2	设备和方法用于非侵入性心内心电图使用 MPI	2010-09-03
28	JP2013504361A	使用 MPI 进行无创心内心电图的装置和方法	2010-09-03
29	CN103348774B	在医院环境内使用的灯光控制系统	2012-01-27
30	JP2014513377A	用于医院环境中使用光控制系统	2012-01-27
31	EP2671428B1	在医院环境内使用的灯光控制系统	2012-01-27
32	WO2012104758A1	一个光控制系统用于医院环境内使用	2012-01-27
33	BRPI1319232A2	用于控制医院环境中房间照明的光控制系统，用于医院设置的光控制单元和医院设置中房间照明的控制方法	2012-01-27
34	IN6993CHENP2013A	光在医院环境内使用的控制系统	2013-08-30
35	JP6899878B2	用于可视化血液监测的光纤引导导航	2019-09-06
	US11707260B2	具有前向和侧向消融监测超声换能器的医疗设备	2018-09-13

5.4 医科达

医科达是全球领先的专注为全身肿瘤和脑部疾病提供放射治疗解决方案的国际化公司，由瑞典卡罗林斯卡研究所已故的神经外科教授、世界第一台伽马刀的发明者拉尔斯·莱克塞尔（Lars Leksell）于1972年创立，总部设在瑞典首都斯德哥尔摩。

医科达通过医疗技术的持续创新，不断引领行业发展的新高度，致力于为全球用户提供精准、智能、高效的放射治疗解决方案和肿瘤信息管理系统，改善、延长及挽救患者生命。在医科达，有1/5的员工从事研发工作。在精准放疗领域，医科达过去五年的研发总投资超过60亿瑞典克朗。

目前，医科达的业务范围涉及120多个国家和地区，先进技术和创新解决方案应用于全球6 000多家医疗机构，每天为超过10万名患者提供诊断和治疗服务。

5.4.1 申请趋势及全球专利布局情况

图5-15展示了医科达在抗肿瘤器械领域的相关专利申请量变化趋势。医科达在2000年之前专利申请量较少，每年不超过5件，此时其专注于核心产品技术的研发工作，并未进行过多的专利布局；2001年之后专利申请量开始突增，直到2003年专利申请量达到18件，其后经历过一段时间的专利申请量波动，从2010年之后其专利申请量整体呈现明显的上升趋势，并于2020年达到峰值38件，可见这段时间医科达开始更加关注知识产权保护，对其产品研发产出的技术成果在多个国家或地区进行专利布局，以构建其专利壁垒。此外，医科达近年来也较为关注与其他企业的合作研发，2022年4月，医科达与GE医疗正式对外宣布，双方在放射肿瘤学领域签署了一份商业合作协议，共同为全球范围的医疗机构提供从诊断到治疗的全方位解决方案。双方旨在通过整合各自优势，来满足全球越来越多的医疗机构希望获得更加灵活、可互操作的模拟和影像引导技术及放射治疗解决方案的需求。

图5-16展示了医科达抗肿瘤领域全球专利区域分布情况。其在美国布局专利量最大，共计82件，美国作为发达国家，也是医疗强国，其配备的医疗设施领先，有非常多的医院采购医科达的先进放疗设备，是医科达最关注的市场区域；医科达共通过世界知识产权组织申请WO专利69件，通过PCT途径进行专利申请是其海外专利申请的主要途径；另外，除美国外，医科达在英

国、日本、澳大利亚以及加拿大等发达国家也进行了相应的专利布局且数量均超过 10 件，依次为 56 件、22 件、14 件以及 12 件。中国同样是医科达较为重视的市场，在中国共申请专利 52 件。医科达通过欧洲专利局申请专利 54 件，可见其在欧洲更多国家的专利采用 EP 专利进行保护。值得一提的是，在与中国类似的人口大国印度，医科达并未进行较多的专利布局，仅申请 3 件印度相关专利，推测其可能考虑到印度经济水平不高，近期对于高端放疗设备的采购需求并不强烈，暂未将其作为重点市场对待。

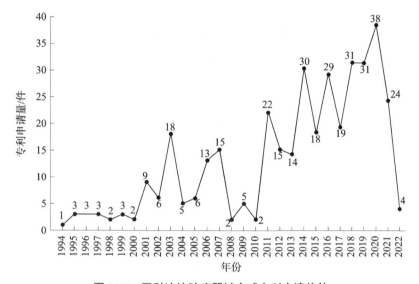

图 5-15　医科达抗肿瘤器械全球专利申请趋势

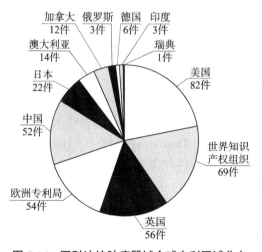

图 5-16　医科达抗肿瘤器械全球专利区域分布

5.4.2 技术分布情况分析

从医科达抗肿瘤器械相关专利在各分支技术上的布局分析不难看出，其专利在技术维度的布局策略与其产品保持高度一致，数量最突出的是与其主营产品放射治疗器械的相关专利，共计申请相关专利342件，远远高于其他技术分支上的专利布局数量；排名第二位的是影像诊断器械，共计申请相关专利34件，影像诊断相关技术服务于放射治疗，因此在该方向上医科达近年来也进行了非常多的技术研究，累积了一定量的专利；此外在肿瘤手术器械以及其他的肿瘤治疗器械方向上进行了少量的专利布局，分别为1件、5件（图5-17）。通过相应的专利数据检索分析，发现医科达并未在肿瘤检测器械领域进行相应的专利布局申请，相关的器械也非医科达的产品服务范围。

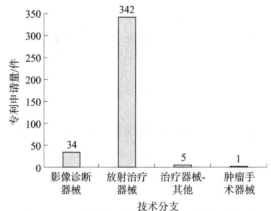

图 5-17　医科达抗肿瘤器械全球专利技术分布

5.4.3 发明人情况分析

图5-18对医科达抗肿瘤器械全球专利的发明人进行了统计分析，由图可知，在所有发明人中Bourne Duncan排名第一，Bourne Duncan作为医科达的核心研发工程师，共参与42件相关专利的发明设计。其余主要发明人及参与发明设计的专利数量分别如下：Brown Kevin John为39件，Allen John为19件，Knox Christopher为16件，Carlsson Per为13件，Boxall Paul为11件，Nilsson Anders、Hanner Gert、David Roberts以及Alksnis Ivars均为8件。

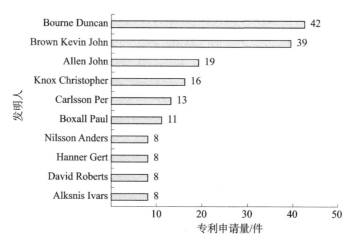

图 5-18　医科达抗肿瘤器械全球专利发明人排名

5.4.4　重点专利列表

表 5-4 展示了医科达抗肿瘤器械全球重点专利情况。

表 5-4　医科达抗肿瘤器械全球重点专利

序号	公开（公告）号	标题	申请日	法律状态
1	US9764162B1	用于自适应放射治疗工作流的自动化、数据驱动的治疗管理系统	2014-10-27	有效
2	WO2018048575A1	放射治疗计划系统和学习方法模型预测的放疗剂量分布	2017-08-11	PCT- 有效期满
3	US20190192880A1	学习放疗治疗计划模型以预测放疗剂量分布的系统和方法	2017-08-11	审中
4	WO2013107472A1	放射治疗装置	2012-01-20	PCT- 有效期满
5	GB2424281A	放射治疗装置与 MRI	2005-03-17	失效
6	WO2006097274A1	放射治疗装置与集成磁谐振成像装置	2006-03-14	PCT- 有效期满
7	US10315049B2	用于在整个辐射治疗过程中监测结构运动的系统和方法	2015-10-15	有效

序号	公开（公告）号	标题	申请日	法律状态
8	WO2004006269A1	设备和方法用于聚焦放射治疗领域，其中所述准直仪环上的滑板控制准直仪。	2003-06-25	PCT-有效期满
9	JP2008154861A	放系统。	2006-12-25	审中
10	WO2004024235A1	MRI引导的放射治疗装置与束中的不均一性补偿器	2003-09-02	PCT-有效期满
11	WO2012119649A1	系统和方法用于图像-引导的放射治疗	2011-03-09	PCT-有效期满
12	EP814869B1	放射治疗装置，用于治疗的患者	1996-10-04	失效
13	US20130035587A1	放射治疗仪	2012-10-09	失效
14	WO9533519A1	定位装置和方法用于放射治疗	1995-06-09	PCT-有效期满
15	US5528651A	用于放射治疗定位装置和方法	1994-06-09	失效
16	US6049587A	放射治疗用定位装置及方法	1997-10-08	失效
17	US5805661A	用于放射治疗定位装置和方法	1997-01-08	失效
18	US5629967A	用于放射治疗定位装置和方法	1996-02-13	失效
19	WO2007124760A1	放射治疗装置	2006-04-27	PCT-有效期满
20	WO2009052845A1	放射治疗装置	2007-10-24	PCT-有效期满
21	US20040114718A1	放疗装置和操作方法	2003-11-26	失效
22	WO2012171538A1	放管理系统和方法	2011-06-15	PCT-有效期满
23	US6714627B1	放疗机用准直器	2001-05-24	失效
24	US6712508B2	放射线记录装置	2002-06-11	失效
25	WO2009007737A1	放装置	2008-07-11	PCT-有效期满
26	WO0213907A1	放模拟装置	2001-07-31	PCT-有效期满
27	WO2011127946A1	放装置	2010-04-15	PCT-有效期满
28	EP2630989A1	放装置	2012-02-22	失效
29	US20140249851A1	用于开发和管理肿瘤治疗计划的系统和方法	2013-03-04	失效

5.5　上海联影医疗

上海联影医疗是专业从事高端医疗影像设备及其相关技术研发、生产、销售的高新技术企业。上海联影医疗筹建于 2010 年 10 月，总部位于上海市嘉定区，是国内唯一一家产品线覆盖全线高端医疗影像设备，并同时拥有全球领先的核心技术、雄厚资本实力及顶尖人才优势的集团。上海联影医疗为全球客户提供 MR、CT、PET-CT、PET/MR、DR、RT 等高性能医学影像诊断产品、放疗产品、生命科学仪器及医疗数字化解决方案。上海联影医疗已经向市场推出拥有完全自主知识产权的一系列创新产品，包括 Total-body PET-CT（2 米 PET-CT）、"时空一体"超清 TOF PET/MR、全身 5.0T 磁共振 uMR Jupiter、75cm 超大孔径 3.0T 磁共振 uMR OMEGA、640 层 CT 一体化 CT-linac 等一批世界首创和中国首创产品，整体性能指标达到国际一流水平，部分产品及技术实现世界范围内的领先。

上海联影医疗致力于为全球客户提供全线自主研发的高性能医学影像诊断与治疗设备、生命科学仪器，以及覆盖"基础研究—临床科研—医学转化"全链条的创新解决方案。通过与全球高校、医院、研究机构及产业合作伙伴深度协同，不断突破科技创新边界，加速推进精准诊疗与前瞻科研探索，持续提升全球高端医疗设备及服务可及性。上海联影医疗通过持续攻关、不懈努力，自主研发出一系列高端医疗影像设备，助力加快现代医疗设备国产化步伐。

5.5.1　申请趋势及全球专利布局情况

图 5-19 展示了上海联影医疗在抗肿瘤器械领域全球年度专利申请量变化趋势。上海联影医疗在成立之初便开始进行该领域的相关专利布局，于 2012 年申请 3 件抗肿瘤器械相关专利。从 2015 年开始，其在抗肿瘤器械领域的专利布局数量开始呈高速增长趋势，并于 2020 年达到峰值，年专利申请量达到 79 件。可见其技术研发密集且非常重视知识产权保护工作，通过专利申请构建自己的专利壁垒，专利对于上海联影医疗而言亦矛亦盾，助力其在抗肿瘤器械市场顺利发展。总体来看，上海联影医疗虽较之于该领域内的传统巨头企业起步较晚，但其自成立以来重视技术研发及专利布局，目前其在该领域内共申

请专利 471 件，在全球抗肿瘤器械领域创新主体专利申请量排名中已跻身前五名之列，仅次于飞利浦、西门子、东芝公司以及日立，在该领域的国内创新主体排名中更是排名第一位。

通过坚持不懈地攻克核心技术，上海联影医疗不断推出创新型产品，奠定了扎实的客户基础，持续巩固品牌认知，并积累了良好的市场口碑。2023年 8 月 18 日，上海联影医疗发布 2023 年半年度报，报告期内，公司实现营收 52.71 亿元，同比增长 26.35%；归属于上市公司股东的净利润 9.38 亿元，同比增长 21.19%。得益于全球医疗设备市场的复苏及公司持续向市场提供高质量的创新型产品和服务，公司实现经营业绩稳健增长。

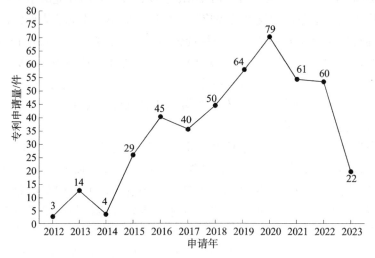

图 5-19   上海联影医疗抗肿瘤器械全球专利申请趋势

图 5-20 展示了上海联影医疗在抗肿瘤器械领域全专利区域分布情况。上海联影医疗目前以国内专利申请为主，在中国共布局相关专利 275 件，占据相关专利总量的 58.4%，上海联影医疗旨在实现高端抗肿瘤器械的国产化，国内市场势必是其最核心的市场区域。此外，上海联影医疗的产品近年来也开始走出国门、走向世界，其全身 PET-CT uEXPLORER "探索者"，此前已多批销往美国，助力当地精准临床诊疗，再度证明了在设计驱动下中国品牌的自信出海。为助力其在北美地区的市场突破，上海联影医疗目前已在美国布局申请了 123 件相关专利；另外，上海联影医疗还拥有 56 件国际专利申请，可见其与飞利浦以及医科达类似，较为倾向于通过 PCT 途径进行海外专利的布局。

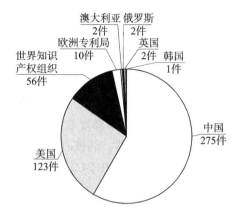

图 5-20　上海联影医疗抗肿瘤器械全球专利区域分布

5.5.2　技术分布情况分析

图 5-21 展示了上海联影医疗抗肿瘤器械相关专利在各分支技术上分布情况。其专利在技术维度的布局以放射治疗器械以及影像诊断器械最突出，专利申请量分别为 214 件和 211 件。另外其在分子影像诊断器械领域布局专利 74 件，其他分支方向的专利布局较少，依次为检测器械 - 其他 5 件、电生理检测器械 2 件、肿瘤手术器械 2 件、组织病理学诊断器械 1 件以及诊断器械 - 其他 1 件。

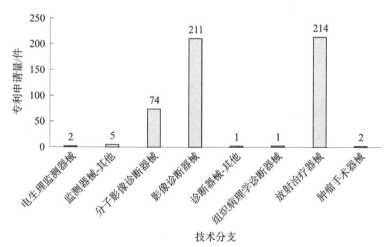

图 5-21　上海联影医疗抗肿瘤器械全球专利技术分布

综上可以看出，放射治疗器械以及影像诊断器械是上海联影医疗的优势方向。上海联影医疗已构建了包括医学影像设备、放射治疗器械以及分子影像器械等在内的完整产品线布局。同时，实现核心部件自研比例业界领先，推出拥有完全自主知识产权的 90 余款产品，部分产品和技术实现世界范围内领先。2017 年 7 月 9 日，由上海联影医疗研发的 CT 引导的直线加速器在苏州大学附属第一医院首次临床试验成功。2017 年 8 月，上海联影医疗磁共振实验室内，我国自主研发且实现产品化的大功率梯度放大器诞生。4 年后，上海联影医疗又研发出 3.5 兆瓦的梯度功率放大器，其核心功率能力达到世界一流水平。2023 年 2 月，上海联影医疗发布新一代 PET-CT，首次将分子影像设备时间分辨率提升到 200 皮秒以内。

5.5.3 发明人情况分析

图 5-22 对上海联影医疗抗肿瘤器械专利发明人进行了统计分析。上海联影医疗放疗事业部总裁倪成排名第一位，共涉及专利 75 件；排名第二位的为 Jonathan Maltz，共参与 22 件相关专利的发明设计；汪鹏排名第三位，共参与 17 件相关专利的发明设计；作为上海联影医疗放疗事业部研发总监的王理，共参与 16 件相关专利的发明设计，排名第四位；其余几位核心发明人及其参与发明的专利数量分别为张剑、周婧劼、Johannes Stahl 各 15 件，孙彪、刘建各 14 件，以及 Hongdi Li 为 12 件。

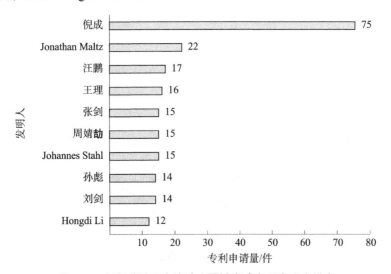

图 5-22　上海联影医疗抗肿瘤器械全球专利发明人排名

5.5.4　重点专利列表

表 5-5 展示了上海联影医疗抗肿瘤器械全球重点专利情况。

表 5-5　上海联影医疗抗肿瘤器械全球重点专利

序号	公开（公告）号	标题	申请日	法律状态
1	CN105233425A	一种磁共振图像引导的放射治疗系统	2015-09-10	失效
2	CN106310544A	肿瘤实时监控方法及装置、放射治疗系统	2016-09-30	失效
3	CN104161532A	放射治疗设备	2013-05-15	审中
4	CN103845816A	一种放射治疗系统及其实时监控方法	2012-12-05	失效
5	CN109453473A	放射治疗计划系统、确定装置及存储介质	2018-12-30	失效
6	CN105617536A	旋转逆向调强放疗优化方法及装置	2015-12-24	失效
7	CN106175810A	一种成像装置及方法、PET/CT 成像装置	2016-06-30	失效
8	CN109271992A	一种医学图像处理方法、系统、装置和计算机可读存储介质	2018-09-26	失效
9	CN110223289A	一种图像处理方法和系统	2019-06-17	审中
10	CN111938678A	一种成像系统和方法	2020-08-13	审中
11	CN111789608B	一种成像系统和方法	2020-08-13	有效
12	CN111789615A	一种成像系统和方法	2020-08-13	审中
13	CN111789613A	一种成像系统和方法	2020-08-13	审中
14	CN111789611A	一种成像系统和方法	2020-08-13	审中
15	CN111789618B	一种成像系统和方法	2020-08-13	有效
16	CN111789607A	一种成像系统和方法	2020-08-13	审中
17	CN111789617A	一种成像系统和方法	2020-08-13	审中
18	CN111789612A	一种成像系统和方法	2020-08-13	审中
19	CN111789614B	一种成像系统和方法	2020-08-13	有效

续表

序号	公开（公告）号	标题	申请日	法律状态
20	CN111789619A	一种成像系统和方法	2020-08-13	审中
21	CN111789616B	一种成像系统和方法	2020-08-13	有效
22	CN111789609A	一种成像系统和方法	2020-08-13	审中
23	CN111789606A	一种成像系统和方法	2020-08-13	审中
24	WO2022032455A1	成像系统和方法	2020-08-10	PCT-有效期满
25	CN106691486A	医学成像系统及方法	2016-12-30	失效
26	CN110211111A	一种血管提取的方法、装置、图像处理设备及存储介质	2019-05-31	审中
27	CN106388843A	医学影像设备及其扫描方法	2016-10-25	失效
28	CN107122605A	一种医疗影像设备的信息录入方法及装置	2017-04-26	审中
29	CN109276248A	用于医学影像系统的自动摆位方法和医学影像系统	2018-11-30	审中
30	CN104252570A	一种海量医学影像数据挖掘系统及其实现方法	2013-06-28	失效
31	CN107590809A	肺分割方法及医学成像系统	2017-08-18	失效

5.6　小结

5.6.1　抗肿瘤药物方面

在抗肿瘤药物方面，通过对恒瑞医药和诺华的专利分析可以发现，国内领头羊企业恒瑞医药虽然专利申请量大体逐年增长，但是远低于国际领头羊企业诺华。因此，要时刻防止外国生物制药巨头发起侵权诉讼，也要阻止国内的后来者轻易进行仿制。恒瑞医药的海外布局意识较强，在海外进行了大量的专利布局，而且恒瑞医药在二级技术分支的重点方向小分子靶向药也是将其作为重点研发的方向，并进行了相应的专利申请和布局。但是在单抗类药物等热门方向，恒瑞医药的创新能力相对较弱。诺华也是如此，均处于探索阶段。国内企业需要进一步增强自主研发创新意识，积极开发针对新靶点或有效靶点新表位的单抗类药物，积极研发并拓展现有单抗类药物的适应症范围，并将自主研发的单抗类药物通过 PCT 途径进行专利申请，并尽可能推迟专利公布的时间，以争取在其产品上市前 1~2 年才让公众知晓其专利技术信息，从而尽可能地降低被侵权的风险，同时还可以充分运用各国对药品专利的延长制度，最大限度地延长专利保护时间。

5.6.2　抗肿瘤器械方面

在抗肿瘤器械方面，通过对国际头部企业飞利浦以及医科达还有国内领军企业上海联影医疗的专利分析可以发现，上海联影医疗虽然专利申请量大体逐年增长，但是和全球专利申请量排名第一位的飞利浦相比，还具有较大的差距。飞利浦在诊断影像、图像引导治疗、肿瘤监测、健康信息化等领域均处于领先地位，医科达则主要聚焦于放射治疗器械的相关研发，同时涉足为放疗设备提供辅助作用的影像诊断器械的技术。不同于这两家企业，上海联影医疗的主要优势则在于癌症诊断器械，致力于高端医疗影像设备的国产化。因此在技术研发以及专利布局过程中，上海联影医疗应更加关注飞利浦的医疗影像方面以及医科达的放疗设备方面的专利技术，避免重复研究造成资源浪费，同时应时刻跟进这两家竞争对手的专利布局近况，为其在冲击高端市场时被飞利浦以及医科达发起诉讼的可能提前做好防御准备。

第6章 天津市抗肿瘤产业发展路径

为了加快天津市抗肿瘤产业的持续健康发展，基于产业发展方向和天津市产业发展定位，对产业结构优化路径、企业培育及引进路径、创新人才培养及引进路径、技术创新及引进路径进行分析，引导天津市抗肿瘤产业的发展，为天津市政府和企业提供可行的产业发展路径。

6.1 产业结构优化路径

目前天津市抗肿瘤产业的现状如下：天津市在抗肿瘤药物方面的研究均处在探索阶段，主要专利申请人为高校，企业专利申请量相对较少，并未形成一定规模；在整个抗肿瘤方面，专利申请数量少，专利申请人企业较少，专利申请人实力较弱，为天津市产业链空白。天津市缺乏具备重点关键技术的企业，尤其是具备原研药的企业。

建议天津市在抗肿瘤产业链的劣势领域采取消化引进吸收的方式进行二次创新，采用招商引资、人才引进和创新合作的方式，尤其在小分子靶向药方面加大招商引资力度。通过招商引资的方式引进一些国内外在小分子靶向药和单抗类药物领域具有一定实力的企业进行投资建立子（分）公司，带动天津市抗肿瘤产业的发展，表6-1为天津市抗肿瘤产业药物现状及发展方向，表6-2为天津市抗肿瘤产业器械现状及发展方向。

表6-1 天津市抗肿瘤产业现状及发展方向（药物领域）

药物领域	专利申请量/件	重要专利申请人	专利基础/研发基础评价	产业链情况	关键问题	突破方向
细胞毒类	337	天津键凯科技有限公司	专利实力弱	缺乏原研药方面的研究	缺乏全产业链关键技术的掌握	与高校加强合作、吸引就近的高校人才、加强自身发展

续表

药物领域	专利申请量／件	重要专利申请人	专利基础／研发基础评价	产业链情况	关键问题	突破方向
小分子靶向药	171	北京睿创康泰医药研究院有限公司、天津市汉康医药生物技术有限公司	专利基础弱	缺乏原研药方面的研究，均是针对产业内已有药物的优化	缺乏产业链关键技术的掌握	与高校加强合作、吸引就近的高校人才、加强自身发展
单抗类药物	20		专利基础弱、研发基础弱	产业空白领域	产业基础薄弱	引进优势企业，带动技术发展
双抗类药物	7		专利基础弱、研发基础弱	产业空白领域	产业基础薄弱	引进优势企业，带动技术发展
激素类药物	46		专利基础弱、研发基础弱	产业空白领域	产业基础薄弱	引进优势企业，加强龙头的专利布局
ADC	3		专利基础弱、研发基础弱	产业空白领域	产业基础薄弱	引进优势企业，带动技术发展
免疫检查点抑制剂	2		专利基础弱、研发基础弱	产业空白领域	产业基础薄弱	引进优势企业，带动技术发展

表 6-2　天津市抗肿瘤产业现状及发展方向（器械领域）

器械领域	专利申请量／件	重要专利申请人	专利基础／研发基础评价	产业链情况	关键问题	突破方向
肿瘤治疗器械	154	天津大学、中核安科锐（天津）医疗科技有限责任公司	专利实力弱	缺乏免疫治疗器械以及靶向治疗器械的研究	以大学科研技术产出为主，但缺乏实际产业应用，中核安科锐（天津）医疗科技有限责任公司拥有技术能力但目前专利实力较弱	与高校加强合作、吸引就近的高校人才、重点企业加强专利布局

续表

器械领域	专利申请量/件	重要专利申请人	专利基础/研发基础评价	产业链情况	关键问题	突破方向
肿瘤诊断器械	171	天津大学、迈迪速能医学技术（天津）有限公司	专利基础弱	缺乏液体活检诊断器械以及分子影像诊断器械的研究	缺乏产业链关键技术的掌握	与高校加强合作、吸引就近的高校人才、加强自身发展
肿瘤监测器械	20	天津大学、天津脉络生物科技有限公司	专利基础弱、研发基础弱	产业空白领域	产业基础薄弱	引进优势企业

6.2 企业培育及引进路径

表6-3为天津市各细分领域重点培育企业抗肿瘤药物方面的主要专利技术，目前天津市抗肿瘤领域专利申请大部分来自高校科研机构，企业的专利申请量较少，其中天津市汉康医药生物技术有限公司、北京睿创康泰医药研究院有限公司在小分子靶向药的专利申请量分别为16件、13件，天津键凯科技有限公司在细胞毒类的专利申请量为13件，近几年成立的合资公司中核安科锐（天津）医疗科技有限责任公司专利申请量为7件。因此，专利申请数量、申请质量、覆盖技术范围均不具有优势，专利布局存在明显漏洞，建议天津市汉康医药生物技术有限公司、北京睿创康泰医药研究院有限公司、天津键凯科技有限公司以及中核安科锐（天津）医疗科技有限责任公司开展高价值专利培育、微观专利导航专项项目，为关键技术领域的创新提供路径选择和指引，支持开展原始创新、集成创新和消化吸收再创新，在创新的重要节点开展创新成果的专利挖掘和布局，形成一定规模的高质量知识产权，并制定与四家企业的海外发展战略相匹配的海外专利布局策略，以便为将来进军海外市场保驾护航。

表 6-3　天津市各细分领域重点培育企业抗肿瘤药物方面的主要专利技术

技术分支	企业名称	专利申请量 / 件	专利技术
细胞毒类	天津键凯科技有限公司	13	注射用聚乙二醇伊立替康
小分子靶向药	北京睿创康泰医药研究院有限公司	13	小分子靶向药
	天津市汉康医药生物技术有限公司	16	小分子靶向药
肿瘤治疗器械	中核安科锐（天津）医疗科技有限责任公司	7	放射治疗器械

　　天津市抗肿瘤产业还未形成，因此除了培育本市的重点企业外，也可引入国内抗肿瘤领域的优势企业，从而形成引进吸收并带动天津市抗肿瘤产业发展的有力手段。表 6-4 和表 6-5 分别为国内抗肿瘤药物和器械各技术分支的优势企业，建议可对这些企业结合本土优势资源，利用天津市的平台进行技术引进和合作，快速扩大天津市优势特色产业的技术实力和影响力，并弥补产业劣势和填补空白。

表 6-4　国内抗肿瘤药物的优势企业

技术分支	企业名称
细胞毒类药物	江苏恒瑞医药股份有限公司
	正大天晴药业集团股份有限公司
	山东轩竹医药科技有限公司
	上海瑛派药业有限公司
小分子靶向药	江苏恒瑞医药股份有限公司
	正大天晴药业集团股份有限公司
	江苏豪森药业集团有限公司
	上海翰森生物医药科技有限公司
单抗类药物	正大天晴药业集团股份有限公司
	广东东阳光药业股份有限公司
	上海瑛派药业有限公司
	江苏恒瑞医药股份有限公司

技术分支	企业名称
双抗类药物	上海瑛派药业有限公司
	正大天晴药业集团股份有限公司
	成都百利多特生物药业有限责任公司
	四川科伦博泰生物医药股份有限公司
激素类药物	江苏恒瑞医药股份有限公司
	上海恒瑞医药有限公司
	广东东阳光药业股份有限公司
	上海瑛派药业有限公司
ADC	成都百利多特生物药业有限责任公司
	四川科伦博泰生物医药股份有限公司
	博笛生物科技有限公司
免疫检查点抑制剂	药捷安康（南京）科技股份有限公司
	和记黄埔医药（上海）有限公司
	杭州阿诺生物医药科技有限公司

表6-5　国内抗肿瘤器械的优势企业

技术分支	企业名称
肿瘤治疗器械	上海联影医疗科技股份有限公司
	西安大医集团股份有限公司
	苏州雷泰医疗科技有限公司
	深圳市爱博医疗机器人有限公司
	北京唯迈医疗设备有限公司
	深圳市奥沃医学新技术发展有限公司
肿瘤诊断器械	上海联影医疗科技股份有限公司
	腾讯公司
	浙江杜比医疗科技有限公司
	江苏赛诺格兰医疗科技有限公司
	杭州依图医疗技术有限公司

续表

技术分支	企业名称
肿瘤监测器械	浙江杜比医疗科技有限公司
	深圳市森盈生物科技有限公司
	杭州华得森生物技术有限公司
	浙江瑞宝生物科技有限公司
	安徽佰欧晶医学科技有限公司

以加快科技创新为导向，支持外商投资参与天津市抗肿瘤产业创新体系建设，鼓励设立具有独立法人资格、符合产业发展方向的研发机构或技术转移机构。支持外商投资企业承担各级各类科技项目，建设研发中心、技术中心，申报设立博士后科研工作站，鼓励外资参与科技项目研发。鼓励企业"以民引外""以企引外""以侨引外"和增资扩股，积极探索设立外资产业基金，支持外资以兼并收购、设立投资性公司、融资租赁、股权出资、股东对外借款等形式参与天津市企业改组改造、兼并重组，对境外世界 500 强和行业龙头企业并购或参股天津市企业的重大项目可实行"一事一议"的政策支持。支持天津市企业多渠道引进国际先进抗肿瘤药物技术、管理经验和营销渠道。表 6-7 和表 6-8 中分别列出了国际抗肿瘤药物和设备的优势企业。

表 6-7　国际抗肿瘤药物的优势企业

技术分支	企业名称
细胞毒类药物	诺华
	百时美施贵宝公司
	健泰科生物技术公司
	细胞基因公司
小分子靶向药	诺华
	弗哈夫曼拉罗切有限公司
	阿斯利康制药有限公司
	健泰科生物技术公司
单抗类药物	健泰科生物技术公司
	诺华
	弗哈夫曼拉罗切有限公司
	辉瑞公司

技术分支	企业名称
双抗类药物	健泰科生物技术公司
	LEAF 控股集团公司
	杭州多禧生物科技有限公司
	免疫医学股份有限公司
激素类药物	先灵公司
	默沙东公司
	辉瑞公司
	诺华
ADC	艾伯维公司
	4SC 股份有限公司
	医疗免疫有限公司
免疫检查点抑制剂	阿克思生物科学有限公司
	诺华
	吉利德科学公司

表 6-8　国际抗肿瘤器械的优势企业

技术分支	企业名称
肿瘤治疗器械	医科达
	瓦里安公司
	西门子
	飞利浦
	日立
	东芝
肿瘤诊断器械	飞利浦
	西门子
	东芝公司
	富士胶片
	日立

技术分支	企业名称
肿瘤检测器械	飞利浦
	富士胶片
	西门子
	三星

6.3 创新人才培养及引进路径

建议天津市优先支持本地抗肿瘤方面具有创新实力、拥有核心专利技术的创新人才，鼓励创新人才向关键产业环节集聚。

表 6-9 和表 6-10 整理了天津市抗肿瘤药物和器械科研机构创新人才。可以看出，天津市抗肿瘤产业研发创新的团队人员基本为高校或者科研机构的人才。因此可以利用天津市已有的人才基础，加强抗肿瘤企业人才的培养。建议天津市通过人才引进项目和产学研的对接，鼓励重点企业与科研院校共同培养实践型人才。另外，天津市抗肿瘤产业的企业要在现有人才团队的基础上，加强企业内部创新人才的培养。一方面，要积极关注内部员工的职业晋升和发展，制定技术创新奖励办法，将技术创新纳入职位考核和晋升体系；另一方面，积极鼓励骨干技术人员自主提升，定期为内部员工提供技术培训，提升员工专业技术水平，可以邀请产业资深专家学者到企业进行技术指导交流，也可以派遣员工参与产业界和学术界的课程培训学习。

表 6-9 天津市科研机构创新人才（抗肿瘤药物领域）

技术分类	发明人	专利申请量/件	所属单位	主要研发方向
细胞毒类药物	郁彭	16	天津科技大学	主要研究方向有药物化学（小分子抑制剂、激活剂等）、抗肿瘤药理学、糖化学生物学、药物作用机制研究、新型递药系统、天然产物全合成、药物新制剂新剂型研究、天然活性物质的功效评价及其在保健品和化妆品中的应用等
	刘育	14	南开大学	磁光双控超分子纳米纤维可抑制肿瘤侵袭转移

续表

技术分类	发明人	专利申请量 / 件	所属单位	主要研发方向
小分子靶向药	陈嘉媚	14	天津理工大学	主要从事药物晶型和共晶方面的研究和技术开发工作
	戴霞林		天津理工大学	药物晶型、共晶、盐型等固体形态研究；离子液体药物研究
单抗类药物	张琳华	2	中国医药生物技术协会	主要从事生物医用材料、药物递送系统、肿瘤免疫治疗的研究
双抗类药物	代霖霖	2	天津市医药科学研究所	
激素类	戴玉杰	3	天津科技大学	芳香化酶抑制
ADC	周传政	2	南开大学	ADC
免疫检查点抑制剂	刘书琳	1	南开大学	纳米生物医学分析

表 6-10　天津市科研机构创新人才（抗肿瘤器械领域）

技术分类	发明人	专利申请量 / 件	所属单位	主要研发方向
肿瘤治疗领域	姜杉	5	天津大学	微创放疗设备　近距离放疗
	杨志永	5	天津大学	放疗设备自动穿刺装置
	刘冉录	4	天津市泌尿外科研究所	肿瘤手术器械（钳、钩等）
	徐勇	4	天津市泌尿外科研究所	肿瘤手术器械（钳、钩等）
肿瘤诊断器械	高峰	8	天津大学	分子成像技术
	李迎新	7	中国医学科学院生物医学工程研究所	分子标志物检测
	赵会娟	7	天津大学	分子成像技术
	刘志朋	6	中国医学科学院生物医学工程研究所	磁声成像
肿瘤监测器械	李迎新	4	中国医学科学院生物医学工程研究所	分子标志物检测
	孙美秀	3	中国医学科学院生物医学工程研究所	分子标志物检测　肺癌检测

续表

技术分类	发明人	专利申请量 / 件	所属单位	主要研发方向
肿瘤监测器械	肖夏	3	天津大学	超宽带微波早期乳腺癌检测
	明东	3	天津大学	肿瘤标志物检测

　　表 6-11~ 表 6-14 分别列出了国内在抗肿瘤领域专利申请量较多的科研院所和企业的主要发明人。天津市企业可以通过与这些创新人才进行产学研合作或通过人才引进提升自身的研发水平。另外，建议天津市聘请这些科研院所或企业的专家作为抗肿瘤产业特邀学者，定期开展技术交流活动，指导天津市抗肿瘤产业的技术发展。

表 6- 11　国内科研高校人才引进或合作列表（抗肿瘤药物领域）

技术分类	发明人	所属单位	专利申请量 / 件	擅长领域
细胞毒类药物	何仲贵	沈阳药科大学	66	药物递送新技术和新剂型；前体药物和纳米药物递送系统；提高药物成药性的关键药用辅料
	余龙	复旦大学	57	主要进行肝癌发生的分子机制研究以及重大疾病相关基因的系统生物学及药物开发研究
	孙进	沈阳药科大学	52	纳米药物的研究 生物药剂学的研究 制剂新技术和新剂型
	梁宏	广西师范大学	52	细胞迁移机制；基于 DNA 和蛋白质设计新型抗肿瘤金属药物；蛋白质和纳米载药体系
	陈学思	中国科学院长春应用化学研究所	49	主要从事生物降解医用高分子材料、组织工程和药物缓释、聚乳酸产业化等方向的研发工作
	陈振锋	广西师范大学	47	基于中药活性成分金属基抗肿瘤、抗糖尿病药物的研究；手性配位聚合物设计、合成和应用研究
	刘延成	广西师范大学	46	生物无机化学与无机药物化学
	张振中	郑州大学	39	纳米药物的研究

技术分类	发明人	所属单位	专利申请量/件	擅长领域
细胞毒类	李亚平	中国科学院上海药物研究所研究员	39	长期从事纳米药物抗肿瘤转移、克服肿瘤耐药,核酸药物非病毒载体及导入系统,以及创新药物与高端制剂研究开发
小分子靶向药	丁健	中国科学院大学药	177	要从事抗肿瘤分子靶向药物研发和个性化研究工作
	耿美玉	中国科学院上海药物研究所	98	抗阿尔茨海默病和抗肿瘤新药研发及生物标志物研究
	陈奕	中国科学院上海药物研究所	77	表观遗传抗肿瘤药物研发及相关基础研究;贴近临床的肿瘤模型构建应用
单抗类	罗永章	清华大学	6	主要集中在新生血管信号传导途径、蛋白质折叠机理、蛋白质结构与功能之关系等领域
	常国栋	清华大学	6	抗肿瘤蛋白质新药和肿瘤诊断试剂盒的研发
双抗类	徐云根	中国药科大学	10	新药分子设计与合成研究;药物合成新技术与新工艺研究
	朱启华	中国药科大学	10	专注于镇痛、抗炎和抗肿瘤药物的研究。针对肿瘤耐药的多靶点抑制剂的设计与合成、药物合成新技术和新工艺等方面开展了多年的研究
	盛春泉	沈阳药科大学	7	药物分子设计和合成新方法研究;抗真菌药物研究;多靶点抗肿瘤药物研究
激素类	杜永丽	齐鲁工业大学	16	主要从事药物化学、创新药物研究开发的研究工作。研究工作涉及药物化学、有机化学、计算机辅助药物设计、靶标大分子与药物相互作用的动力学模拟、生物活性评价等,是化学、生物、计算机辅助药物设计相互交叉融合的研究方向
ADC	马兰萍	中国科学院上海药物研究所	4	抗体偶联药物

续表

技术分类	发明人	所属单位	专利申请量 / 件	擅长领域
免疫检查点抑制剂	赖宜生	中国药科大学	9	目前主要从事靶向酪氨酸激酶的新型小分子药物设计与合成、基于 NO 信使分子调控及天然活性产物的抗炎、抗肿瘤、抗心脑血管疾病的创新药物研究

表 6-12　国内科研高校人才引进或合作列表（抗肿瘤器械领域）

技术分类	发明人	专利申请量 / 件	所属单位	主要研发方向
肿瘤治疗领域	郭书详	15	北京理工大学	肿瘤手术器械 介入手术机器人
	包贤强	14	北京理工大学	肿瘤手术器械 介入手术机器人
	姚进	13	四川大学	MRI 引导放射治疗 近距离放射治疗
	刘静	13	中国科学院理化技术研究所	肿瘤冷却治疗设备 肿瘤热疗仪器 纳米刀探针及微创设备
	徐勇	13	中国工程物理研究院应用电子学研究所	X 射线放射治疗设备
	李强	13	中国科学院近代物理研究所	三维适形调强 重离子放射治疗
肿瘤诊断器械	吴大珍	32	宁波大学	肿瘤标志物检测 微流控芯片装置
	干宁	31	宁波大学	肿瘤标志物检测 微流控芯片装置
	李榕生	28	宁波大学	肿瘤标志物检测 微流控芯片装置
	何佳丽	20	宁波大学	肿瘤标志物检测 微流控芯片装置
	郑海荣	16	深圳先进技术研究院	影像诊断器械
肿瘤监测器械	吴大珍	32	宁波大学	肿瘤标志物检测 微流控芯片装置
	干宁	31	宁波大学	肿瘤标志物检测 微流控芯片装置
	侯长军	8	重庆大学	生理监测器械

表 6- 13   国内企业高层次人才引进或合作列表（抗肿瘤药物领域）

技术分类	发明人	所属单位	专利申请量 / 件
细胞毒类	孔庆忠	山东蓝金生物公司	142
	吴永谦	药捷安康（南京）科技股份有限公司	128
	王训强	正大天晴	61
	李春雷	石药集团中奇制药技术有限公司	54
	蔡遂雄	英派药业	52
小分子靶向药	陈曙辉	药明康德	245
	黎健	药明康德	121
	张喜全	正大天晴	138
	鲁先平	微芯生物	69
	包如迪	豪森药业	61
单抗类	蔡遂雄	英派药业	76
	郑常春	陕西步长制药有限公司	33
	张英俊	广东东阳光药业股份有限公司	81
	吴永谦	药捷安康（南京）科技股份有限公司	32
	王训强	正大天晴	50
双抗类	蔡遂雄	英派药业	38
	万维李	四川百利药业有限责任公司	15
	朱义	四川百利药业有限责任公司	15
激素类	张英俊	广东东阳光药业股份有限公司	87
	蔡遂雄	英派药业	81
ADC	万维李	四川百利药业有限责任公司	21
	朱义	四川百利药业有限责任公司	21
	卓识	四川百利药业有限责任公司	21
免疫检查点抑制剂	吴永谦	药捷安康（南京）科技股份有限公司	53
	戴广袖	和记黄埔医药（上海）有限公司	23
	肖坤	和记黄埔医药（上海）有限公司	22

表 6-14　国内企业高层次人才引进或合作列表（抗肿瘤器械领域）

技术分类	发明人	所属单位	专利申请量 / 件
肿瘤治疗器械	姚毅	苏州雷泰医疗科技有限公司	75
	刘海峰	西安大医集团股份有限公司	61
	闫浩	西安大医集团股份有限公司	49
	李金升	西安大医集团股份有限公司	45
	黄韬	北京唯迈医疗设备有限公司	40
肿瘤诊断器械	张国旺	浙江杜比医疗科技有限公司	29
	孙红岩	浙江杜比医疗科技有限公司	22
	张军	江苏海莱新创医疗科技有限公司	17
	朱峻	深圳市森盈生物科技有限公司	16
肿瘤监测器械	张国旺	浙江杜比医疗科技有限公司	29
	孙红岩	浙江杜比医疗科技有限公司	23
	朱峻	深圳市森盈生物科技有限公司	19
	张开山	杭州华得森生物技术有限公司	16
	苏敏	芭雅医院投资管理（上海）有限公司	12

6.4　技术创新及引进路径

通过对天津市产业发展方向、整体态势、主要国家或地区申请热点、龙头企业研发热点以及专利运用热点的分析（表 6-15）可以看出，天津市目前在抗肿瘤产业还未形成一定的规模，企业的创新实力较弱，大部分专利在高校或者科研机构手里。存在严重的产业聚集度不够、高端技术人才不足的问题。针对以上问题，同时结合区域产业发展现状，建议天津市优先发展技术研发热点方向，即单抗类药物、双抗类药物以及 ADC，而在小分子靶向药以及肿瘤治疗器械方面，可以选择在已有的研究基础上进行再创造，对于目前较为成熟的细胞毒类药物、激素类药物方面则作为外围研究，即作为配合小分子靶向药以及单抗类药物、双抗类药物或者 ADC 等联合用药的研究。类似地，较成熟的肿瘤诊断器械也可以作为辅助高端肿瘤治疗器械开展相应的外围研究。

表 6-15　天津市抗肿瘤药物技术研发方向

一级技术分支	二级技术分支	天津市产业发展方向	整体申请趋势	主要国家或地区申请热点	龙头企业研发热点	专利运用热点				未来重点发展的技术方向
						诉讼	许可	转让	质押	
抗肿瘤药物	细胞毒类药物									
	小分子靶向药			☑		☑		☑		
	单抗类药物	☑	☑		☑					☑
	双抗类药物									
	ADC	☑								☑
	激素类									
	免疫检查点抑制剂	☑								
抗肿瘤器械	肿瘤治疗器械	☑		☑	☑	☑	☑			☑
	肿瘤诊断器械	☑		☑			☑			
	肿瘤监测器械						☑			

6.4.1　产学研结合

目前天津市抗肿瘤领域具有一定创新实力和自主研发实力的企业较少，大部分具备创新实力的均为高校科研机构，因此鼓励高校科研机构参与企业项目合作，形成由高校带动企业技术发展、合作共赢的模式。

（1）由政府牵头，创建技术创新战略联盟。例如，建立"推进产学研合作工作协调指导小组"，并以各高校创新人员为出发点，将各企业、大学和科研机构联合起来，构建科研、设计、工程、生产和市场紧密衔接的完整技术创新链条，有效解决天津市抗肿瘤产业集中度分散、技术领域原始创新匮乏、共性技术供给不足、核心竞争力受制于人的突出问题。

（2）构建"1+1+1"联合创新平台，采取政府主导型产学研合作模式，由政府、高校或科研院所、当地企业三者共同建立研究院、研发基地、重点实验室和工程中心等创新机构。

6.4.2　委托研发或联合研发

由于医药领域的特殊性，建议天津市主要以委托研发和联合研发为主，并在其过程中消化吸收，最终形成适合天津市的产业模式。

天津市企业虽然有一定专利申请量，但缺乏核心技术，尤其是原研药方面的专利申请，而以南开大学为代表的科研主体在该领域具有一定的技术优势，鼓励天津市抗肿瘤企业通过委托研发或联合研发的方式，通过产学研合作开展这些技术方向的研发。企业可根据自身需求，由企业提供资金，委托具有较强互补优势的大学、科研院所或其他企业实验室进行技术研发，从而能够以较低的成本获得和使用先进技术。另外，企业也可以特定科研课题为载体，企业和大学、科研院所各派出人员组成临时性研发团队，由企业提供资金开展合作研发；或者企业和大学、科研院所联合请国家科技项目开展合作研发。企业还可以与科研机构、大学分别投入一定比例的资金、人力或设备共同建立联合研发机构、联合实验室和工程技术中心等科研基地。共建科研基地形式促使各方优势资源有机结合，共同开发研究新产品、新技术，提高各方的核心技术和竞争实力，是一个长期性的战略平台。

6.4.3　技术引进——引进国际先进技术，快速提升自身实力

对于重点方向小分子靶向药、未来的热点方向单抗类药物等，天津市均无优势企业，建议加强招商引资工作，引入各细分领域的优势企业，尤其是国外优势企业。建议重点引进的国内外优势企业见表 6-16。

表 6-16　抗肿瘤药物优势企业

企业名称	申请数量 / 件	专利技术方向
诺华	6 386	小分子靶向药和单抗类药物
弗哈夫曼拉罗切有限公司	2 058	小分子靶向药和单抗类药物
阿斯利康制药有限公司	1 732	小分子靶向药
健泰科生物技术公司	1 665	小分子靶向药和单抗类药物
百时美施贵宝公司	1 473	小分子靶向药和单抗类药物
江苏恒瑞医药股份有限公司	556	小分子靶向药
正大天晴药业集团股份有限公司	478	小分子靶向药和单抗类药物
江苏豪森药业集团有限公司	271	小分子靶向药
上海瑛派药业有限公司	115	单抗类药物

6.5 专利布局及专利运营路径

天津在抗肿瘤各细分领域的专利申请量明显落后，核心专利较少，专利质量有待提高。

6.5.1 专利布局建议

6.5.1.1 提升专利质量

自 2000 年以来，国内抗肿瘤专利申请量显著增加，特别是 2013—2015 年呈现爆发式增长，这主要得益于我国知识产权意识的加强，特别是《国家知识产权战略纲要》《中医药传统知识保护研究纲要》等战略性指导文件的实施起到了积极的促进作用。但是在专利申请量爆发式增长的同时，专利质量却呈现"断崖式"下跌，这与短期的政府奖励政策刺激有很大关系。从不同类型的专利申请人来看，新生医药企业和个人申请人的专利质量较低，而大型现代化医药企业和高校科研院所的专利质量较高。因此，在提高抗肿瘤产业知识产权保护意识的基础上，应及时转变政府专利奖励政策导向，完善专利成果考核机制，提升技术创新水平，转变专利布局以量为先的观念，稳抓专利质量，实现专利申请从量到质的转变。专利申请文件撰写时应充分考虑技术、产品对市场的垄断，尽可能维护企业利益，扩大保护范围，对可能的技术方案、技术路线仔细研究和分析，在申请文件提交前进行新颖性检索分析，学习借鉴相关先进技术，凸显自身的技术优势，确保专利能够获得授权，促进行业和企业专利质量的提高。着力培育企业的高价值专利，通过优质专利培育掌握一批核心技术专利。

6.5.1.2 加强专利布局

天津市抗肿瘤企业要在深入了解、把握各细分领域的发展现状和趋势前景的基础上，分析企业发展的外部机会与威胁，根据自身的发展状况，剖析企业发展的优势与劣势，准确合理地定位所处产业链地位，以"数量布局，质量取胜"为理念，做好专利布局规划，明确未来的发展路径。细胞毒类药物和小分子靶向药以及肿瘤治疗器械等有基础的细分领域，企业可在保持自身技术优势的基础上，积极进行新技术开发。根据国外、国内行业技术的发展，及时调整企业技术研究和产品开发的方向，同时扩大企业在关键技术领域的专利储备规模，增强企业参与市场竞争的技术和知识产权优势。

对于行业内的细胞毒类药物、影像诊断器械等技术成熟度较高的领域，针对已有的核心技术基础专利开展围栏式专利布局，在专利申请之前做好查新检索，避免因创造性低或重复申请造成不必要的浪费；针对小分子靶向药，可以针对目前较为热门的靶点采取专利类型多样化，"核心专利 + 外围专利"形成专利网的方式进行专利组合，构建相关核心技术领域的专利池，同时兼顾其后续研发的基础性工作和规避风险的法律性工作。针对单抗类药物、双抗类药物、ADC、免疫检查点抑制剂方面可以针对理论基础技术以及相应的拓展技术进行大量的专利布局，采取大量、多层次的布局模式。

另外，天津市抗肿瘤产业申请人在海外市场进行专利申请数量较少，因此，需推动天津市创新主体加大海外专利布局，推动天津市抗肿瘤产业形成具备国际竞争优势的知识产权领军企业，尤其是涉及出口的重点企业，一方面在客户所在国进行专利申请，降低知识产权风险，确保产品顺利出口；另一方面要在竞争对手所在国进行专利布局，确保市场的占有。总之，在现有产品出口的国家要申请布局专利，保障产品出口，降低知识产权风险；在未来企业需要扩张的国家也要布局专利，有效地推进产品出口。

6.5.2　专利运营路径

根据天津市抗肿瘤产业专利运营实力分析的结果，可知天津市专利运营整体活跃度不高，主要存在以下问题：

（1）从专利运营数量上看，细胞毒类是专利运营活跃度较高的领域，而小分子靶向药的专利运营活跃度较低，其他领域（如单抗类药物、双抗类药物、ADC、免疫检查点抑制剂）基本不存在专利运营。

（2）从专利运营方式上看，以转让为主，其他方式，包括许可、质押、诉讼、无效的运营数量均为个位数。

（3）从专利运营实力及潜力上看，与对标城市相比，排名较靠后。在专利质量上略差，专利的转化应用工作开展落后，专利运营基础较弱，运营潜力低于对标城市。

考虑到以上问题，建议天津市可以考虑通过推动产学研合作强化专利运营，促进科技成果转化，以解决专利运营困难的问题；通过建立知识产权服务平台，开展知识产权运营服务，为专利权人提供运营助力，以解决运营积极性不高的问题，推动检验检测产业创新发展。

以下是专利运营路径详细建议：

（1）建立抗肿瘤行业联盟，构建抗肿瘤专利池。

目前天津市抗肿瘤企业以小型企业为主，普遍存在专利申请量少、缺乏高价值专利的问题，可以借助天津市抗癌协会的平台优势，形成产业技术创新联盟。通过企业和高校间的互相合作，实现资源尤其是技术资源的共享，从而提升产业技术创新和推动产业转型升级。构建抗肿瘤专利池，对天津市抗肿瘤的相关企业的核心专利进行筛选研究，形成构建知识产权联盟所需的专利池。进一步联合天津市在抗肿瘤领域拥有较多专利的各大高校加入知识产权联盟。

（2）推动产学研合作，强化专利运营。

高校、科研院所、专家与企业对接和合作可形成较明显的优势互补，帮助企业解决技术难题、促进科技成果转化。促进企业和高校科研机构对接方面可以采取以下措施：一是建立产学研合作信息平台，及时提供企业技术研发需求和高校科研机构信息，促进产业内企业与科研机构的信息对接；二是对知识产权运营服务公司开展的专利运营项目，政府给予一定项目资金支持，使高校科研机构、知识产权运营机构及企业形成有效联动，盘活天津市创新主体的专利价值，推动专利有效运用于产业；三是引导国内重点高校和科研机构进入产业集聚区，与产业集聚区共建工程研发中心、专业化实验室等，为产业集聚区提供技术支撑，整合产业集聚区研发资源，例如，可考虑引导天津市内的企业与各区的高校在小分子靶向药、单抗类药物以及肿瘤治疗器械等领域创建产、学、研相结合的技术创新体系，共享研究资源，促进科研成果相互转化、共享共赢。

（3）深挖企业专利价值，支持企业专利质押融资。

完善知识产权评估、流转体系，建设知识产权评估数据服务系统，设立知识产权质权处置周转金和知识产权投资基金，积极探索实现知识产权债券化、证券化；设立知识产权质押融资风险补偿基金，引导银行等金融机构实施知识产权质押专营政策。

附录 专利申请人名称缩略表

缩略名称	专利申请人或专利权人全称
诺华	瑞士诺华公司
BMS	百时美施贵宝公司
罗氏	罗氏制药
默沙东	Merck & Co., Inc.
阿斯利康	阿斯利康制药有限公司
强生	强生公司
辉瑞	辉瑞公司
礼来	礼来公司
恒瑞医药	江苏恒瑞医药股份有限公司
贝达药业	贝达药业股份有限公司
信达生物	信达生物制药（苏州）有限公司
正大天晴	正大天晴药业集团股份有限公司
通用电气	通用电气医疗集团
西门子	西门子股份公司
飞利浦	荷兰皇家飞利浦公司
东软医疗	东软医疗系统股份有限公司
佳能	佳能医疗系统公司
安科	深圳安科高技术股份有限公司
明峰	明峰医疗系统股份有限公司
赛诺威盛	赛诺威盛科技(北京)股份有限公司
康达	上海电气康达医疗器械集团股份有限公司

缩略名称	专利申请人或专利权人全称
东丽公司	东丽株式会社
奥林巴斯	奥林巴斯株式会社
柯尼卡美能达	柯尼卡美能达
中科院	中国科学院
西安大医集团	西安大医集团股份有限公司
三星	三星电子株式会社
医科达公司	医科达医疗器械公司
富士胶片	富士胶片控股公司
上海联影医疗	上海联影医疗科技有限公司
日立	株式会社日立制作所
希森美康	希森美康集团
腾讯公司	深圳市腾讯计算机系统有限公司
苏州雷泰医疗	州雷泰医疗科技有限公司
深圳爱博医疗	深圳爱博医疗机器人有限公司
上海交大	上海交通大学
杜比医疗	浙江杜比医疗科技有限公司
中核安科锐	中核安科锐（天津）医疗科技有限责任公司
瓦里安	瓦里安医疗设备有限公司
新华医疗	山东新华医疗器械股份有限公司
万东医疗	北京万东医疗科技股份有限公司
开立生物	深圳开立生物医疗科技股份有限公司
盈康生命	盈康生命科技股份有限公司
理邦仪器	深圳市理邦精密仪器股份有限公司
康众医疗	江苏康众数字医疗科技股份有限公司
和佳医疗	珠海和佳医疗设备股份有限公司
辰光医疗	上海辰光医疗科技股份有限公司

缩略名称	专利申请人或专利权人全称
乐普医疗	乐普（北京）医疗器械股份有限公司
中新药业	天津中新药业集团股份有限公司
盛实百草	盛实百草药业有限公司
葛兰素史克	葛兰素史克公司
施维雅	施维雅制药厂
大冢制药	大冢制药株式会社
金耀集团	天津金耀集团有限公司
力生制药	天津力生制药股份有限公司
天津医药集团	天津市医药集团有限公司
康希诺	康希诺生物股份公司
杰科生物	杰科（天津）生物医药有限公司
溥瀛生物	天津溥瀛生物技术有限公司
诺和诺德	诺和诺德股份有限公司
华立达生物	天津华立达生物工程有限公司
中源协和	中源协和细胞基因工程股份有限公司
诺维信	诺维信公司
赛诺医疗	赛诺医疗科学技术股份有限公司
天堰科技	天津天堰科技股份有限公司
一瑞生物	天津一瑞生物科技股份有限公司
迈达医学	天津迈达医学科技股份有限公司
邦盛医疗	邦盛医疗装备（天津）股份有限公司
哈娜好	天津哈娜好医材有限公司
瑞奇外科	天津瑞奇外科器械股份有限公司
凯莱英医药集团	凯莱英医药集团（天津）股份有限公司
药明生物	上海药明生物技术有限公司
斯芬克司药物研发	斯芬克司药物研发（天津）股份有限公司

缩略名称	专利申请人或专利权人全称
海河生物	天津海河生物医药科技集团有限公司
中核集团	中国核工业集团有限公司
中国同辐	中国同辐股份有限公司
东芝	株式会社东芝
英派药业	上海英派药业有限公司
药明康德	无锡药明康德新药开发股份有限公司
微芯生物	深圳微芯生物科技股份有限公司
豪森药业	江苏豪森药业集团有限公司
赫素制药	天津赫素制药有限公司
复宏汉霖	上海复宏汉霖生物技术股份有限公司
盛禾生物	盛禾（中国）生物制药有限公司
三生国健	三生国健药业（上海）股份有限公司
新时代药业	山东新时代药业有限公司
华兰生物	华兰生物工程股份有限公司
嘉和生物	嘉和生物药业有限公司
优科生物	南京优科生物医药股份有限公司
喜康生技	喜康生技股份有限公司
天广实	北京天广实生物技术股份有限公司
博锐生物	浙江博锐生物制药有限公司
小野制药	小野药品工业株式会社
Medarex	梅达莱克斯公司
百时美施贵宝	百时美施贵宝公司